Gerbrand Bakker

ECHTE BÄUME WEINEN NICHT

Warum wir die Natur Natur sein lassen sollten

Aus dem Niederländischen von
Birgit Erdmann

Suhrkamp

Die niederländische Originalausgabe erschien 2018 unter dem Titel
Rotgrond bestaat niet. Over cultuurlandschap en natuur
bei Uitgeverij Cossee BV, Amsterdam.

Erste Auflage 2019
suhrkamp taschenbuch 4955
Deutsche Erstausgabe
© Suhrkamp Verlag Berlin 2019
Copyright © 2018 Gerbrand Bakker
Suhrkamp Taschenbuch Verlag
Alle Rechte vorbehalten, insbesondere das
des öffentlichen Vortrags sowie der Übertragung
durch Rundfunk und Fernsehen, auch einzelner Teile.
Kein Teil des Werkes darf in irgendeiner Form
(durch Fotografie, Mikrofilm oder andere Verfahren)
ohne schriftliche Genehmigung des Verlages reproduziert
oder unter Verwendung elektronischer Systeme
verarbeitet, vervielfältigt oder verbreitet werden.
Umschlagabbildung: iStock.com/Coldimages
Umschlaggestaltung: Brian Barth, Berlin
Druck und Bindung: CPI – Ebner & Spiegel, Ulm
Printed in Germany
ISBN 978-3-518-46955-2

ECHTE BÄUME WEINEN NICHT

»The country: A damp sort of place
where all sorts of birds fly about uncooked.«
Joseph Wood Krutch, *The Twelve Seasons*

RASEN

Am Strand von Dungeness steht ein altes Haus. Prospect Cottage. 800 Meter von einem Kernkraftwerk entfernt. Vom Cottage aus gesehen geht dahinter die Sonne unter. 1986 kaufte der britische Filmemacher Derek Jarman das Holzhaus. Strand, aber nicht, wie man ihn kennt. Kein Sand, sondern Kieselsteine. Einmal bin ich dort in der Nähe gewesen, in der Kleinstadt Rye. Doch weil ich mich damals noch nicht mit dem Gärtnern befasst habe – nicht einmal im Traum hätte ich an einen eigenen Garten gedacht –, sagte mir der Name Derek Jarman wenig. 1995 erschien *Derek Jarman's Garden*, ein Fotoband über den Garten, den er über die Jahre angelegt hatte, mit Tagebucheinträgen und Gedichten. Jarman war damals schon ein Jahr tot. Er wurde 52 Jahre alt.

In meinen Augen ist sein Garten wunderschön, aber er liegt an einem Ort, bei dem schon der bloße Gedanke an einen Garten kaum möglich scheint. Wind, Salz, Kieselstrand. Und überall altes, verwittertes Holz und verrostete Metallteile. Steinkreise. Ein Garten ohne Zaun. Die schönsten Fotografien zeigen den Vordergrund gestochen scharf und das riesige Kernkraftwerk verschwommen in der Ferne. Ich kenne das Buch, weil ein Freund es mir einmal gezeigt hat, es lag in seinem Ferienhaus in Noordwijk. Auch ein Haus mit Garten, einem Garten, in dem ich ab und an mit angepackt habe. Jahre später habe ich mir das Buch selbst gekauft. Die Texte verraten, dass der Garten Jarman besonders am Ende Frieden geschenkt hat, auch wenn er nicht allzu viele Worte darüber verliert. Manchmal aber schreibt er Dinge, bei denen ich mich unwohl fühle. »Ich kann eine einzige Pflanze eine Stunde lang betrachten, das bringt mir großen Frieden. Ich stehe regungslos starrend da.« Vor den nahezu religiösen Beschreibungen eines passionierten Gärtners scheue ich immer ein wenig zurück. Aber wenn es ihm Spaß macht, warum nicht? Natürlich könnte Jarman das auch nur geschrieben und es in Wirklichkeit gar nicht getan haben. »Ich erinnere mich noch gut an den Rasenmäher, mit dem wir uns beim Grasschneiden abplagten. Ich bin heilfroh, dass es in Dungeness keinen Rasen gibt. Die schrecklichsten Rasenflächen – übrigens auch die hässlichsten Gärten – findet man entlang der Küste in Bexhill, Close und Crescent. Derartige Gärten hätten bei Gertrude Jekyll einen Herzanfall ausgelöst, mindestens aber würde sie sich im Grab umdrehen. Mir scheint ein gepflegter Rasen unnatürlich, ein öder Anblick und ziemlich schäbig – der Feind eines guten Gartens. Mit dem gleichen Aufwand wie für das Rasenmähen könnte man das ganze Jahr frisches Gemüse haben: Kletterbohnen, Blumenkohl und andere Kohlsorten, dazwischen Gartennelken und Päonien, Klatschmohn und Rittersporn; würde das nicht das Land verschönern und uns vor dem allgemein herrschenden Vorgartenterrorismus retten?«

Also wirklich, selbst wenn er es gewollt hätte, wäre dort niemals ein gepflegter Rasen gewachsen. Kann man etwas verabscheuen und ablehnen, das man selbst nie haben wird? Diese Abneigung gegen Rasenflächen ist seltsam. Das mag an seiner steifen britischen, bürgerlichen Herkunft liegen, der er gewiss entkommen wollte. Mein Rasen (»*Es gibt hier keine Rasen*«, sagt Nachbar Klaus streng, »*nur Wiesen.*«) ist eine Katastrophe, doch ich gebe nicht auf. Und sei es nur, damit Freunde sich auf ihm ausstrecken können. Die gibt es noch. Halbnackt im Gras, bei strahlendem Sonnenschein, die Körper längst nicht mehr jung und schön. Und noch etwas: Wenn man keinen Rasen hat, wo spielt man dann Badminton?

Derek Jarman zieht auch über die sogenannten National-Trust-Gärten her: »Der National Trust muß eine zentrale Gärtnerei haben, denn alle seine Gärten sehen ähnlich aus. [...] Wenn

ein Garten nicht verwildert aussieht, kann man ihn vergessen.«
Hier unterscheiden wir uns erheblich, Jarman und ich, denn ich
habe nichts gegen Rasen. Und vor allem habe ich nichts gegen die
prachtvollen National-Trust-Gärten, auf die man überall in England stößt und die »so manikürt« wirken, »daß nicht eine Pflanze
in der Lage zu sein scheint, ihren Nachbarn auch nur zu berüh-
ren«. Ich bin kein Garten-Nazi: Alles ist erlaubt, doch manchmal,
wenn ich an einem Garten vorbeigehe, stöhne auch ich innerlich
auf oder mache eine missbilligende Bemerkung. Aber nur ganz
leise, warum sollte ich dem betreffenden Gärtner die Freude ver-
derben?

Worin ich mich mit Jarman jedoch besonders verbunden fühle,
ist das *Machen*. Das gemächliche Werden eines Gartens, in dem
auch Gegenstände eine Rolle spielen. Objekte, Steine, Holzpfähle,
verrostete Heugabeln und sogar ganze Bauwerke aus Ästen. In
dem Buch gibt es eine Fotografie von Jarman, die ihn mit einer
großen Tasche zeigt, auf der Jagd nach schönen Steinen. Das
mache ich auch schon immer: spazieren gehen, aufsammeln, mit
30 Kilo auf dem Rücken nach Hause und nach der Verarbeitung
des Gefundenen unendlich zufrieden sein. Die Plackerei, der
Schweiß, das *Selbermachen*. Das Machen. Derek Jarmans Garten
ist ein Kunstwerk. Mein Garten – was auch immer andere von
ihm halten mögen – ist ebenfalls ein Kunstwerk: Er ist gemacht,
gestaltet, dem vorrückenden Wald und dem Unkraut abgetrotzt.

Jarman hatte absichtlich keinen Zaun um seinen Garten gezogen,
denn er hielt sein Kunstwerk für Natur. Tod dem Rasen! Ich finde
das deutsche Wort *Zaun* so schön. *Zaun* und *tuin*, das niederländische Wort für Garten, gehören für mich zusammen. Wenn man
mitten auf einer Weide, in einem Wald, in der Wüste oder wo
auch immer einen Zaun aufstellt, einen geschlossenen Zaun, markiert man allein damit diesen Ort als Nicht-Natur. Ein Mensch

tut etwas, greift ein, platziert ein Artefakt, ein *Kunst*-Werk. Von mir aus hätte Jarman seinen Garten gerne einzäunen können.

Jarmans Unerbittlichkeit, was das Wesen eines Gartens betrifft, was schön und gut ist und was nicht, spiegelt sich übrigens auch in seinem Charakter wider. Seine Filme sind oft visuelle, bunte Spektakel, aber nicht immer ganz einleuchtend. »Schwierige« Filme, Arthousefilme, mit Themen wie Homosexualität, Tod und Religion. Als er aufgrund seiner Aidserkrankung erblindete, drehte er *Blue*, einen einstündigen Film nur in Blau, mit Geräuschen, mit Stimmen, Textfetzen, Vogelgezwitscher, Gesang. Eigentlich eine filmische Wiedergabe des stundenlangen Anstarrens dieser einen Pflanze, vielleicht mit Frieden im Herzen, eine Art Halbschlaf voller *Vergangenheit*. Ein Auftakt des Todes. Statt einen für den Kinobesucher angenehmen, einfühlsamen und schönen Film zu machen, wollte Jarman etwas mitteilen, seine Gefühle und Gedanken offenlegen, wohl aber hauptsächlich für sich selbst. Und genau das hat er auch mit dem Garten um Prospect Cottage in Dungeness getan. Ist das immer so? Spiegelt ein Garten das Wesen des Gärtners wider? Kann man einem Garten ansehen, wie der Mensch ist, der ihn geschaffen hat?

Mein Garten ist zum Teil eingezäunt und die Einfahrt mit einem Tor verschlossen. Errichtet für meinen Hund Jasper, der nie bei mir bleiben wollte. Es ist sein Zaun, sein Tor. Gleichzeitig ist es auch mein Zaun. Ich mag die Eindeutigkeit eines Zauns. Die Sicherheit. Die Übersicht. Das sind Dinge, die ich in meinem Leben brauche. Mein Zaun soll weder Mensch noch Tier fernhalten.

AUFREGUNG

Vor ein paar Jahren hat die Tageszeitung *Trouw* einige Schriftsteller gebeten, Artikel zum Thema »Lernen« zu schreiben. Im Sinne von: etwas, das man früher nicht konnte, nun aber schon. Mein Text ging ungefähr so (beim erneuten Lesen füge ich hinzu und lasse weg, es kann ja nur besser werden):

Früher bemerkte ich es nicht einmal, wenn ich mich in einem Garten befand. Ein Garten war ein Ort, wo man saß und Getränke zu sich nahm oder Fleisch verkohlen ließ; ein Übergangsgebiet zwischen Straße und Vorder- oder Hintertür. Damals achtete ich auf Zargen, Dachrandpaneele, Fensterbänke und Haustüren. In meiner Freizeit war ich Anstreicher. Immer hatten Sträucher – meistens die stacheligen – unter mir zu leiden, weil die Mistdinger der Leiter im Weg standen und ich zu der Zeit ziemlich aufbrausend war. Einmal ist mir eine rotblättrige Berberitze in die Quere gekommen. In voller Absicht rammte ich meine Leiter mitten in sie hinein, und noch einmal, und noch einmal. Später, viel später, sollte ich eine Gärtnerlehre machen. So trat der Garten in mein Leben.

»Der Garten.« Nicht mein Garten. Das ist ein himmelweiter Unterschied. Die Gärten anderer Leute, vollendet, wie sie sind, wurden von mir – manchmal gemeinsam mit Gartenkumpel Han – nur gepflegt. Alles an ihnen war fertig, das Einzige, was ich tun musste oder wir tun mussten, war, die Auswüchse zu beseitigen, damit der Garten erneut fertig aussah. Muschelpfade rechen. Äste absägen. Hecken schneiden. Ordnung halten oder wiederherstellen.

Ich habe auch Gärten entworfen. Entwürfe richten sich in erster Linie nach den Wünschen der Auftraggeber. Natürlich bringt man sein eigenes Können ein, besonders beim Zeichnen, bei der Auswahl des Materials und der Entwicklung eines Bepflanzungsplans, aber es bleibt eine übernommene Arbeit. Ein Auftrag. Und es ist schon vorgekommen, dass ich, nachdem ich zum vierten Mal ein und denselben Garten entworfen hatte – das Ehepaar aus Almere konnte sich einfach nicht einigen –, den ganzen verdammten Papierkram mit einem kurzen Schreiben in einen Briefumschlag gesteckt habe: »Hier der allerletzte Entwurf, und wagen Sie es ja nicht, mich dafür zu bezahlen.« Aufbrausend will ich auch heute noch manchmal sein. Denn: Ein Gärtner ist kein Paartherapeut, schönen Dank auch. Ein Gärtner will draußen sein, er hat nämlich einfach keine Lust, eine Stunde lang in einer viel zu warmen Küche bei einem Kaffee zu sitzen und sich Dinge anzuhören, von denen er nichts wissen will. Oder im Garten immerzu von Auftraggebern mit ellenlangen Geschichten über die bevorstehende Scheidung aufgehalten zu werden.

Seit einem Jahr besitze ich ein Haus in Deutschland. Zum Haus gehören 1600 Quadratmeter Grund mit Anhöhe: Das Haus liegt mit seiner gesamten Rückseite an einem Hang. Das Erste, was ich getan habe: Ich habe keinen Entwurf gezeichnet. Sosehr ich es auch mag, mit meinen grünen Stiften in allen Farbnuancen, mit Geodreiecken oder mit dem Speziallineal, mit dem sich der Maßstab leicht ändern lässt, herumzuhantieren. Kein Entwurf. Nur bei Neubauprojekten ist ein Garten jungfräulich. Mein Garten war das nicht, auch wenn ich, als letztes Jahr im April endlich der Schnee geschmolzen war, außer einer verirrten Pfingstrose und einem uralten Rhabarber keine weiteren mehrjährigen Pflanzen entdecken konnte. Er war, und ist es teilweise immer noch, ein Urwald aus Brombeeren, Giersch und Brennnesseln. Grob gesagt, besteht mein deutscher Garten aus vier Teilen: dem Vorgarten, einem seitlichen Garten mit Terrassen (ich habe selbst zwei neue

Schiefermauern gebaut und eine instand gesetzt), einem Garten hinterm Haus, praktisch in gleicher Höhe mit der Dachrinne, und einem schönen Stück Wald.

Den eigenen Garten habe ich letztes Jahr besitzen gelernt. Und jetzt, im neuen Jahr, lerne ich das immer noch. Manchmal ist es auf eine Weise entmutigend, wie ich es bei der Arbeit in den Gärten anderer nie empfunden habe. Denn: Aus so einem Garten gehe ich am Ende des Tages fort. Mein Garten aber ist immer hier. Er gehört mir. Gelegentlich bemerke ich, dass Besucher sich besonders aufmerksam umsehen. Der Garten eines Gärtners, na, da bin ich ja mal gespannt. Dann werde ich jedes Mal ganz aufgeregt. Genau aus dem Grund habe ich keinen Entwurf gezeichnet. Ich habe mir von Anfang an gesagt: »Dieser Garten soll langsam wachsen.« In diesem einen Jahr habe ich alle Tulpenzwiebeln ausgebuddelt und an anderer Stelle wieder gesteckt. Gerade erst habe ich Holunderbüsche umgesetzt (wieso gibt es die eigentlich in keinem Gartencenter zu kaufen?). Die geerbte Pfingstrose wurde schon drei Mal verpflanzt. Ich habe Dinge getan, über die ich im Nachhinein dachte: Nein, das ist wirklich viel zu kitschig, das geht nicht. Doch kurz darauf: Warum denn nicht? Immerhin ist es mein Garten, und wenn ich einen kitschigen Garten will, bitte sehr.

Übrigens, eine Beobachtung, die meine Aufregung etwas dämpft: Wie oft blättert die Farbe an den Fensterrahmen eines Malerbetriebs ab? Und auch die Dachrinne eines Dachdeckers kann undicht sein. Vielleicht gehört es einfach zum Schicksal eines Gärtners, dass sein Garten weniger schön und weniger gepflegt ist als die anderen Gärten, in denen er arbeitet.

Ich habe gelernt, Zement anzurühren. Das macht Spaß. Man schüttet ein paar Dinge zusammen (Sand, Zement, Wasser), und schon kann man bauen. Zement ist übrigens nicht das richtige Wort, ich sollte Mörtel schreiben. Mörtel ist die Kombination aus

Wasser, Sand und Zement. Die Terrasse vorm Haus besteht aus Fliesenresten. Ich habe sie zum Teil mit falsch angerührtem Mörtel repariert, und so fingen die Fugen nach ein paar Monaten zu bröckeln an. Dieser Teil kommt nächsten Sommer noch mal dran. Später habe ich die Terrasse verbreitert und *Natursteinverlegemörtel* verwendet. Der scheint mehr zu taugen. Ich habe also gelernt, unbrauchbaren, falschen Mörtel herzustellen. Nachbar Klaus – ein Fliesenleger und mein Berater in diesen Dingen – sagt »so viele Teile Sand, so viele Teile Zement«. Aber nicht jedes Mauerwerk erfordert das gleiche Mischverhältnis. Die Schiefermauern, die neben dem Haus die nach oben ansteigenden Terrassenflächen voneinander trennen, benötigen – laut Nachbar Klaus – ein Eins-zu-eins-Verhältnis. Der Boden drückt dagegen, auf diese Mauern wirken enorme Kräfte. Doch auch hier wieder: bröckelnder Mörtel. Vielleicht muss ich länger mischen und kneten. Nachbar Klaus hat ein praktisches Elektrogerät dafür, ich mache es mit der Hand, weshalb ich immer nur kleine Mengen produziere. Und jeder Eimer Mörtel ist in seiner Zusammensetzung ein wenig anders. Vielleicht sollte ich lieber meinem eigenen Mörtelgefühl vertrauen und etwas weniger auf Nachbar Klaus hören.

Ich habe gelernt, der Besitzer eines Gartens zu sein. Ich kenne nun die Verantwortung, die das Zähmen der Natur im kleinen Maßstab mit sich bringt. Und mehr noch als in den Gärten anderer ist mir bewusst, dass man niemals wirklich etwas falsch machen kann: Ein Garten lebt, wächst, stirbt ab, kann eine Weile »blöd« sein und einen Monat später »hübsch«. Ich lerne, geduldig zu sein und einen ganzen Sommertag im Liegestuhl zu verbringen, um in den blauen Himmel zu starren. Morgen ist auch noch ein Tag, um etwas einzupflanzen oder wieder auszugraben. Und wenn nicht morgen, dann eben übermorgen.

Woran mein Auge jetzt, ein paar Jahre nach dem Schreiben des Artikels, hängen bleibt, ist diese Aufregung, dieses Gefühl, einen Garten zu besitzen, der – für einen Gärtner – nicht schön genug ist, der die Erwartungen der Besucher nicht erfüllt. Das ist etwas, das zu mir gehört. Wenn sich schon Jarmans verbissene, urteilende und prüfende Art in seinem Garten widergespiegelt hat, ist dann mein Garten nicht auch ein Spiegelbild meiner Aufregung, oder besser, meiner Unsicherheit? Teilweise schon. Erst gestern habe ich das wieder einmal erlebt, als ich am Rand der Terrassenflächen seitlich vom Haus das letzte Ziergras (*Carex morrowii* »*Variegata*«) ausgebuddelt habe. Ursprünglich hatten dort sieben Büschel gestanden, umgeben von einem Zaun, den ich aus geschnitzten Zweigen geflochten hatte. Der wackelige Zaun war schon längst umgefallen. Die Terrasse, die ich vor zwei Jahren mit einem Sammelsurium aus Fliesen und Klinkern gepflastert hatte, wurde plötzlich zu einer jungfräulich unberührten Fläche. Nein halt, vielleicht ein wenig zu unberührt. Also grub ich neun Buchsbaumsträucher aus, die etwas höher am Hang standen, und setzte sie in Reih und Glied in dieses Stück Erde. Ich beendete das Ganze, indem ich sie zurechtstutzte, schön akkurat. So flattert in meinem Garten alles hin und her. Eine Folge der Weigerung, einen Entwurf zu zeichnen.

Während meiner Ausbildung zum fachkundigen Gärtner fühlte ich mich in der Gruppe wie ein Eindringling, wie jemand, der aus rätselhaften Gründen in die Lehre geht und dort eigentlich nichts zu suchen hat. Fast alle arbeiteten im Grünen, manche in den Grünanlagen einer Gemeinde, andere bei einer Gärtnerei und einer bei einem Blumenzwiebelzüchter. Ich war Schriftsteller (in jener Zeit von zwei etymologischen Wörterbüchern für Jugendliche und einem Jugendroman, *Birnbäume blühen weiß*), einer aus der Großstadt, einer ohne schmutzige Hände und de facto arbeitslos. Und obwohl ich den anderen während dieser drei Jahre in nichts nachgestanden habe – ich bin noch immer sehr stolz auf die Zwei plus, die ich für das Pflastern bekommen habe (aber die Vier minus im Heckenschneiden habe ich auch nicht vergessen) –, blieb dieses Gefühl bestehen. Das gehört anscheinend zu mir, ist ein wesentlicher Zug meines Charakters. Dabei glaube ich nicht, dass ich wirklich als Gärtner gearbeitet hätte, selbst wenn 2006 nicht *Oben ist es still* erschienen wäre – obwohl, so etwas kann man nie mit Sicherheit sagen.

Von Baumpflegern oder Gärtnern kriege ich ab und zu einen Rüffel, wenn ich in ihren Augen wieder einmal einen blödsinnigen Artikel für *De Groene Amsterdammer* oder später für *Trouw* geschrieben habe. Ich erinnere mich an den höhnischen Leserbrief einer bekannten Amsterdamer Baumpflegerin, nachdem ich mich über das Fällen der Ulmen für die Sanierung der Javastraat ausgelassen hatte. Die Ulmen sollten durch spezielle Ahornbäume ersetzt werden, die *Acer rubrum* »*Red Sunset*«, die prachtvolle Herbstfarben hat. Ich hätte von nichts eine Ahnung, schrieb die Frau in dem Leserbrief, die Ahornbäume würden dahinsiechen, viel zu wenig Licht in der Straße! Kürzlich radelte ich durch die Javastraat, die Bäume gedeihen prächtig, kein einziger siecht dahin. Ich werde im Spätherbst noch einmal durch die Javastraat radeln.

Aus dem einen oder anderen Grund habe ich mich also immer als einen ziemlich unbeholfenen Gärtner empfunden, obwohl mein Diplom in der Schublade meines Spiegelschranks in Amsterdam liegt. »Den einen oder anderen Grund« kann ich jedoch nicht genau benennen. Ist das meine Art? Liegt es vielleicht an meiner Unsicherheit, derentwegen ich hier in meinem Eifelgarten immer wieder alles verändere? Man könnte das angesichts des ständigen Umpflanzens und Umsetzens mit Ja beantworten. Andererseits: Man ist durch die Dynamik eines Gartens, durch das Wachsen und die anderen Entwicklungen einfach gezwungen, Pflanzen und Sträucher zu entfernen oder umzusetzen. Spiegelt mein Garten meine Unsicherheit wider? Können Besucher das an ihm ablesen? Nein; sie sehen ja nicht die wochen- und monatelange Arbeit, die Veränderungen – hoffentlich zum Besseren –, sie sehen nur das Resultat. Keiner wird bemerken, dass ich erst gestern die Buchsbäume an den Terrassenrand gepflanzt habe. Für sie hat es den Anschein, als hätte es hier schon immer so ausgesehen.

In einem spiegelt mein Garten sehr wohl mein Wesen wider, und das ist die Form. Die Form und der bereits erwähnte Zaun. Ich brauche Linien, ich brauche akkurat geschnittene Hecken, ich brauche Struktur. Genau wie ich in meinem Alltag das Bedürfnis nach Struktur und Klarheit habe. Einmal war ich in den Gärten der Gartenarchitektin Mien Ruys in Dedemsvaart, zusammen mit Toos und Anita, die beide in der Gartengestaltung tätig sind. Bei einer Rabatte, die von Holzschwellen begrenzt wurde, sagte ich: »Also, hier könnte alles mal ordentlich zurückgeschnitten werden.« Sie sahen mich an, als wäre ich verrückt geworden. Das ist doch gerade schön, fanden sie, diese überhängenden Pflanzen, die die strengen Linien der Holzschwellen – eine »Erfindung« von Mien Ruys – abmildern. Ich für meinen Teil hätte die beiden auch anschauen können, als wären sie verrückt geworden. Diese Schwellen lagen da ja nicht umsonst, sie markierten eine Grenze. Man vergisst manchmal, dass das englische Wort *border*, das bei Gartengesprächen gedankenlos als einheimisches Wort in der Bedeutung »Rabatte« in den Mund genommen wird, wörtlich »Grenze« bedeutet. Ich will diese Grenze erkennen können. Sonst erscheint alles viel zu »natürlich«. Doch um Natur zu erleben, sollte man woanders hingehen, jedenfalls nicht in die Gärten von Mien Ruys.

Die letzten drei Sätze des *Trouw*-Artikels sind übrigens gelogen. Ich fand und finde es noch immer fast unmöglich, einfach zum Spaß Zeit in einem Liegestuhl zu verbringen. Das gehört auch zu meinem Wesen. Oder es liegt an meiner Erziehung.

UNSER EIGENER GARTEN

Die eben erwähnte Toos heißt mit vollem Namen Toos Rottinghuis. Seit kurzem ist sie in Rente. Davor hat sie für das Büro Mien Ruys, Gartengestalter & Landschaftsarchitekten, gearbeitet, das seinen Sitz in einem schönen Gebäude an der Amstel in Amsterdam hat. Toos hat sich um die Finanzen gekümmert und alles berechnet, was zur Realisierung eines Gartenentwurfs nötig ist. Manchmal ging es um riesige Projekte, zum Beispiel um das Areal eines noch zu errichtenden Pflegeheims. Ich habe Toos auf der Eisbahn kennengelernt. Später waren wir zusammen beim Leichtathletiktraining. Sie hat mir während der Gärtnerausbildung gelegentlich beigestanden; meine Rechenkünste sind lange nicht so ausgeprägt wie ihre.

Das Büro bringt eine Gartenzeitschrift heraus, *Onze eigen tuin* (Unser eigener Garten). Ich habe sie abonniert. Hin und wieder bittet mich Leo den Dulk um einen Artikel. Leo ist Redaktionsmitglied des Blattes und hat eine Biografie über Mien Ruys geschrieben, die im Juni 2017 unter dem Titel *Zoeken naar de heldere lijn* (Die Suche nach der klaren Linie) erschienen ist. Mir gefällt Mien Ruys (1904–1999). Klare Linien. Die schon erwähnten Schwellen, die knallhart eine Grenze markieren. Herrlich. Mien Ruys ist auch die Erfinderin der Waschbetonplatte. Die finde ich zwar weniger schön, um nicht zu sagen hässlich, aber man kann sie umdrehen, und dann hat man eine stinknormale, vielleicht etwas grobe Betonplatte. Den Trick habe ich in ziemlich vielen Gärten angewendet, eine komplette Terrassenoberfläche einfach umgedreht. Das kostet nichts, doch der Effekt ist dramatisch.

Im Februar 2016 habe ich den folgenden Text geschrieben. Ich kann mich nicht mehr an die Vorgabe erinnern, aber es wird etwas mit der Begrünung von Städten zu tun gehabt haben.

Im Oostelijk Havengebied von Amsterdam säumen Ulmen die Uferstraßen. Ich nenne sie immer Pyramiden-Ulmen, offiziell handelt es sich um *Ulmus* »*Columella*«. Bin ich in Amsterdam, wohne ich in diesem Viertel und laufe mit meinem Hund Jasper die Straßen entlang. Die Gegend sollte ursprünglich eine Mischung aus Wohnhäusern und Wasser werden. Stein und Wasser. Doch als sich die Menschen ansiedelten, fanden sie es hier zu nackt und zu kahl, und so dauerte es nicht lange, bis Bäume gepflanzt wurden. Viele dieser Ulmen wurden mit der Zeit ersetzt, denn die Menschen, die sie sich so sehr gewünscht hatten, besaßen auch Autos, und beim Einparken – immer dann besonders heikel, wenn sich daneben ein Abgrund voller Wasser auftut – wurden die Ulmen erbarmungslos umgefahren oder ernstlich beschädigt. Deshalb hat man um die Stämme dicke, hufeisenförmige Metallkonstruktionen angebracht. An den Uferstraßen im Oostelijk Havengebied wurde es ziemlich schnell voll. Vor allem als die Bewohner neben den Ulmen noch mehr Grün anpflanzten und Zinkkästen mit Sträuchern und Stauden aufstellten. Inzwischen ist es ein Rosenstockparadies, überdacht (oder eben gerade nicht, denn die *Columella* wächst kerzengerade nach oben) von den dunklen, gekräuselten Blättern der Ulmen.

Wüsste man es nicht besser, wäre eigentlich alles in Ordnung. Aber ich weiß es nun einmal besser, und ich erinnere mich noch an die Kargheit, an die Kombination aus Stein und Wasser. Und an den Himmel natürlich, der Himmel ist immer dabei. Stein und Himmel und Wasser. Schön war das. Eine Stadt war das. Streng und übersichtlich und doch jeden Tag anders, denn Wasser ist glatt oder es bewegt sich, und Wolken segeln durch die Luft oder ziehen träge vorüber. Es regnet, hagelt, stürmt oder schneit, oder der Himmel ist strahlend blau. Mich hat das an Gemälde aus dem 17. Jahrhundert erinnert, mit den neuen Grachten, bei denen die Kaufmannshäuser im Mittelpunkt stehen und auf denen daher kaum oder gar kein Grün abgebildet ist. Grün nimmt die Aussicht auf die Häuser. Ein berühmtes Gemälde ist das von Gerrit Adriaensz. Berckheyde. Eigentlich muss ich statt »ist das« »sind die« schreiben. Er hat die Herengracht zwischen 1671 und 1685 insgesamt vier Mal gemalt. Ein in diesem Zusammenhang interessantes Detail: Die junge Bepflanzung, die es in jenen Jahren schon gegeben haben dürfte, hat er einfach weggelassen. Er malte ein in seinen Augen ideales Bild und sparte sich die Stämme und Blätter.

Für eine Weile gab es eine vergleichbare Situation, als während des Umbaus des Pflegeheims Amstelhof zur Hermitage die Nieuwe Herengracht neu gestaltet wurde. Nur kurz, sehr kurz, standen an einer Seite des Gebäudes keine Bäume. Es war wunderbar. Es strahlte. Die weiße Amstelbrücke, das Wasser, die Backsteine der Nieuwe Herengracht und die riesige, monumentale Seitenmauer der Hermitage. Mehr nicht. Das genügte. Wo auch immer ich in der Stadt zu tun hatte, ich radelte jedes Mal durch die Nieuwe Herengracht. Mittlerweile stehen dort natürlich längst wieder Bäume. Ulmen, um genau zu sein. Sie sind noch recht klein, doch bevor man sich versieht, wird das Gebäude – kommt man von der Stopera auf die Amstel zu – dem Auge vollkommen entzogen sein.

Während des Umbaus ist übrigens der Garten, den Mien Ruys in den siebziger Jahren des vorigen Jahrhunderts für das Pflegeheim entworfen hatte, verschwunden. Auf der Webseite der Hermitage steht: »Ein Museumsgarten hat natürlich eine ganz eigene Funktion. Van Gessel hat sich von dem Ort selbst inspirieren lassen. Vieles, was er vorgefunden hat, ließ er entfernen, aber die großen, über 200 Jahre alten Kastanien stehen heute noch. Sie sind die Prunkstücke des Gartens.« Natürlich, niemand macht dem neuen Gartenarchitekten einen Vorwurf, die alten Kastanienbäume sind ja gerettet! Damit ist alles wieder gut. Darüber schreibe ich nichts, denn ich habe mir den neuen Garten noch nicht angeschaut, und außerdem hat es nichts mit dem Thema zu tun. Den alten Mien-Ruys-Garten habe ich gerade noch rechtzeitig besucht, gemeinsam mit Toos Rottinghuis.

Wenn ich wie Berckheyde malen könnte, würde ich, mutwillig wie er, »überflüssiges Grün« weglassen. Aber ich kann absolut nicht malen. Schreiben ist mein Beruf, und deswegen schreibe ich jetzt auf, dass ich fürchte, ziemlich streng zu sein: Wenn man Grün möchte – viel und wucherndes und grenzenloses Grün –, dann sollte man nicht in einer Stadt wohnen. Eine Stadt ist eine Stadt, das Land ist das Land.

Ich mache das nicht absichtlich, ich sitze nicht mit dem Ziel an meinem Laptop, dem Leser von *Onze eigen tuin* meine trotzige Meinung aufzudrängen. Ehrlich. Genau wie man die Schönheit eines Waldes oder einer ausgedehnten Heidefläche besingen kann, kann man das auch mit der Schönheit von Stein, Himmel und Wasser tun. Der Rote Platz vor dem Kreml in Moskau erscheint aufgrund seiner leeren Weite so prachtvoll, lediglich an seinen Rändern wächst hier und da ein wenig Grün.

Anscheinend ist meine Fantasie mit mir durchgegangen. Denn kurz nach Erscheinen des Artikels fuhr ich mit dem Rad wieder einmal durch die Nieuwe Herengracht und bemerkte zu meiner Überraschung ein paar alte Ulmen an der Uferstraße. Die müssen da schon während des Umbaus des Pflegeheims gestanden haben. Oder wurden sie von einer Spezialfirma zeitweise entfernt und danach wieder eingepflanzt. Ich sehe doch immer noch diese kahle Uferstraße vor mir. Ich muss dem einmal nachgehen.

Noch ein *Onze-eigen-tuin*-Text: »Die Zukunft des Gartens«

Der allerschönste zukunftslose Garten ist selbstverständlich der Barockgarten. Streng konzipiert und nur dazu da, um gestutzt und klein gehalten zu werden; um hundert Jahre nach seinem Entstehen noch immer in demselben Zustand zu sein; um als ultimativer Beweis dafür zu dienen, dass der Mensch wie Gott ist und dass alles, was Natur ist, von ihm gebändigt werden kann. Ein zukunftsloser Garten, was für eine gute und vor allem friedvolle Idee.

»Ja, aber in unserem Garten lassen wir der Natur freien Lauf, wie Romke van de Kaa«, haben Bekannte zu mir gesagt, die einfach keine Lust oder keine Zeit hatten, sich um ihren Garten zu kümmern. Der Rasen wurde nicht mehr gemäht, und zwischen dem Gras wucherte üppig das Unkraut. So kann ich das auch, dachte ich. Jemand anderem die Schuld geben und sich selbst ins rechte Licht rücken. Am 13. April 2014 war ich bei der Saisoneröffnung der Gärten von Mien Ruys. Es war ein Riesenspektakel, denn es wurden drei Ereignisse zugleich gefeiert. Mien Ruys wurde vor 110 Jahren geboren, die Stiftung Gärten Mien Ruys feierte ihr neunzigjähriges Bestehen, und die Zeitschrift wurde 60. Es gab zahlreiche Vorträge. Da musste man sich entscheiden. Also bin ich nicht zu dem Vortrag gegangen, in dem über den Wucher-vor-dich-hin-Garten gepredigt wurde, sondern zu dem über die bald erscheinende Biografie von Frau Ruys. Giersch und Brennnesseln nicht herauszureißen, sondern etwas dazwischenzusetzen und Gras um Baumwurzeln herum wachsen zu lassen – das langweilt mich, ehrlich gesagt, ein bisschen. Denn in zehn Jahren wird man Vorträge halten, bei denen man stolz das ultimative, wenn auch nicht umweltfreundliche Bekämpfungsmittel gegen Giersch präsentiert. Und dann müssen alle wieder dieses fürchterliche Unkraut jäten, was sogar noch unangenehmer sein wird, da man vorsichtig mit dem umgehen muss, was man zehn Jahre zuvor zwischen den Giersch gepflanzt hat und unbedingt wird retten wollen.

Gartentrends. Jedes Jahr gibt es einen neuen Gartentrend. Doch wie man diese Trends auch dreht und wendet, immer geht es um Fläche, Boden, Bepflasterung, Bepflanzungsmaterial, einen Bretterzaun oder ein Gatter. Ein Garten ist ein Garten. Immer. Auf BBC schaue ich manchmal die *Chelsea Flower Show*. Jedes Jahr gibt es etwas Neues, doch trotzdem sieht alles genau gleich aus und im Jahr darauf wieder. Auch *Gardeners' World* schaue ich mir gerne an, und das vor allem, weil sich in diesem Programm nie etwas verändert, bis auf den Moderator vielleicht. *Gardeners' World* bleibt immer unverändert, das Pensum für nächstes Wochenende ist jedes Jahr dasselbe, Monty Don und Carol Klein sind immer und ewig entzückt und begeistert. Herrlich, so schön übersichtlich und ruhig. Im Gegensatz zur Langlebigkeit dieser Sendung erscheinen jedes Jahr neue – und meist ziemlich teure – Gartenbücher. Bücher, die man eine Saison später nicht mehr im Buchladen findet, weil es dann modernere, trendigere Gartenbücher gibt. Gartenbücher haben eine kurze Lebensdauer, handelt es sich doch um einen Markt des Angebots, nicht unbedingt der Nachfrage. Die Gartenbuchverlage bieten ständig etwas Neues, etwas Anderes. Bestimmt werden Gartentrendwatcher hinzugezogen, und weil Trendwatcher ja sonst überflüssig wären, kommen auch sie jedes Jahr und jede Saison mit etwas Neuem, etwas Anderem.

2024 wird in Dedemsvaart natürlich wieder gefeiert. Dann besteht die Stiftung Gärten Mien Ruys nämlich 100 Jahre. Es wird Vorträge geben. Menschen, die in diesem Jahr da waren, werden wiederkommen und neue natürlich auch. Gartenliebhaber werden begeistert und entzückt sein, genau wie sie es in diesem Jahr waren. Es werden Pflanzen gekauft, die Gärten selbst bewundert, es wird auf Unterschiede hingewiesen und angemerkt, dass es doch eigentlich so »wie immer« ist. Es wird Kaffee und Tee geben, getrunken aus dem üblichen eklektischen Sammelsurium von Tassen, es wird Felco-Baumscheren zu kaufen geben und vielleicht immer noch die Filzhüllen für das iPhone 8s.

Die Zukunft des Gartens? Es gibt keine Zukunft für *den* Garten. Was es aber gibt, ist die Zukunft jedes einzelnen Gartens, ist der Garten, den man selbst anlegt und pflegt. Hierfür holt man sich auch Ideen aus teuren Büchern und Gartenzeitschriften, Ideen, die, wie sich vielleicht herausstellt, wegen der Bodenart, Lage, Anzahl der Sonnenstunden nicht durchführbar sind. Möglicherweise rennen wir in drei Jahren dem Nachfolger des Gartenarchitekten Piet Oudolf hinterher, und in zwölf Jahren dem Nachfolger des Nachfolgers. In der Zwischenzeit gibt es unseren eigenen Garten. Der wächst und blüht und gedeiht.

Manchmal ist die Zukunft unseres eigenen Gartens so wichtig, dass sogar Abgabetermine verschoben werden. Ende Mai bin ich nach zehn Tagen Abwesenheit zusammen mit zwei Gästen in meinen eigenen Eifelgarten zurückgekehrt. Auf der Wetter-App hatte ich gesehen, dass es verdammt wenig geregnet hatte. Dabei hatte ich noch Mangold, Palmkohl und Saubohnen gesät sowie Sträucher und Stauden gepflanzt. Ich war so aufgeregt und ungeduldig, dass ich meinen Besuch einfach seinem Schicksal überließ und nach draußen lief. Die Zukunft meines Gartens – in diesem Fall: retten, was ich retten konnte – war viel wichtiger. Ich verschob deshalb die Deadline für diesen Text, was die Leser sowieso nie mitbekommen. Auch deswegen ist er zu einem Plädoyer über die Zukunft des *eigenen* Gartens geworden, jedermanns eigener Garten. Von mir aus können Bücher geschrieben, *Chelsea Flower Shows* organisiert und Gartensendungen fürs Fernsehen gedreht werden. Das kann alles Inspiration sein, doch eigentlich sollte man sich einfach mit der Zukunft des eigenen Gartens befassen.

Onze eigen tuin. Dass diese Gartenzeitschrift mittlerweile im 64. Jahrgang erscheint, ist hervorragend. 64 Jahre! Man sollte meinen, die Themen wären irgendwann erschöpft, alle Stauden, Zwiebelgewächse, Sträucher und Bäume schon einmal näher betrachtet, alle Frühlings- und Herbstarbeiten besprochen und jedes Fleckchen Brachland mit einem fixen Gartenentwurf versehen worden. Fehlanzeige. Und es ist natürlich nicht die einzige Gartenzeitschrift hierzulande, es gibt noch *Landleven, Groei & Bloei, Buitenleven, Tuinseizoen, Seasons, Gardeners' World* (auf Niederländisch), *Landidee, Stadstuinieren*, und bestimmt habe ich jetzt manch andere vergessen. Es existiert also ein Markt, sonst würden diese Zeitschriften nicht produziert werden.

Aber dass es im niederländischen Fernsehen keine eigenen Gartensendungen gibt, erstaunt mich schon. Der Garten ist immer nur ein Bestandteil einer Fernsehsendung, zum Beispiel auf RTL4 oder SBS6. Und die werden immer von einem Gartencenter gesponsert, was an sich nicht verwundert, denn das sind kommerzielle Sender. Es handelt sich bei den Sendungen um sogenannte *make-over*. Hat jemand keine Lust, keine Zeit oder kein Geld, um den eigenen Garten herzurichten, schaut *Robs große Gartenumgestaltung* vorbei, oder Ex-*Bauer-sucht-Frau*-Bauer Tom Groot kommt zu Besuch, und die machen dann aus dem Grünchaos einen Traumgarten. Die Gartencenter *GroenRijk* und *Intratuin* stecken als Sponsoren hinter diesen Programmen. Warum gibt es bei den öffentlich-rechtlichen Rundfunkanstalten keine Gartensendung à la *Gardeners' World*? Warum, da ich gerade darüber nachdenke, können sie nicht *Gardeners' World* ankaufen, mit Untertiteln versehen und senden? Wenn dies nur einen Bruchteil des Erfolgs von *Heel Holland bakt* hätte (die Kopie von *The Great British Bake-Off*, das übrigens auch untertitelt auf MAX ausgestrahlt wird, sozusagen doppelt bei diesem Sender läuft), wäre es in jedem Fall eine Alternative, und man müsste sich nicht dauernd mit *Intratuin*- und *GroenRijk*-Produkten herumplagen.

Inzwischen schreibe ich schon seit vier Jahren ohne Unterbrechung für die Tageszeitung *Trouw*, immer über meinen Eifelgarten. Zugegeben: Das sind natürlich keine 64 Jahre, aber das Thema ist ja auch sehr beschränkt, auf gerade einmal 1600 Quadratmeter. Deshalb unternehme ich regelmäßig Ausflüge in die Welt außerhalb meines Gartens, zu den Dörfern in der Umgebung, zu den Menschen, die dort leben und die ich kenne, zum Eifelzoo in Lünebach, zum Globus in Bitburg, manchmal sogar zu den Ulmen in Amsterdam. Doch immer komme ich auf meinen Garten zurück, er bleibt das Herzstück der Kolumne. Ich finde das in Ordnung, bin ich doch ständig in meinem Garten beschäftigt. Nicht nur mit der Pflege – jäten, schneiden, mähen –, sondern auch damit, Neues zu bauen, Terrassen anzulegen, unbearbeiteten Boden zu kultivieren. Jetzt weiß ich auch, wieso *Gardeners' World* immer noch ausgestrahlt wird: Seit Monty Don und sein riesengroßer Garten Longmeadow im Mittelpunkt der Serie stehen, gibt es immer wieder etwas Neues. Er arbeitet in diesem Garten. Und der Garten ist nichts Statisches. Die Sendung läuft seit nunmehr 50 Jahren. Die Briten klagen darüber, dass der Moderator so langweilig sei, dass sein Vorgänger Alan Titchmarsh wenigstens Humor besessen habe. Trotzdem schauen Millionen Menschen freitagabends diese Sendung. Man ist mit ihr vertraut, und vielleicht liegt gerade in der Langeweile ihre Kraft. Die ist *soothing*, wohltuend. In dem Wort Langeweile schwingt normalerweise ein negativer Beiklang mit, aber hier bedeutet es: wie immer. Finden die *Trouw*-Leser meine Kolumne langweilig? Kann schon sein, und das wäre vielleicht gar nicht so schlecht.

KINDLICHE ANGST

Ich habe Angst vor Rasenmäher-Robotern. Das sind vollkommen autonome Maschinen, die, je nach Programmierung, zwei oder drei Mal die Woche aus ihrer Ecke kommen, um das Gras zu mähen. Ist das geschafft, kehren sie wieder in ihre Ecke zurück. Wie ein Hund. Von Rasenmähen kann eigentlich nicht die Rede sein, eher von Rasenknabbern. Da sie so oft aus ihrer Ecke rollen, hat das Gras kaum Zeit nachzuwachsen. Nur winzige Spitzen werden abgeschnitten. Der Vorteil ist, dass man das Gras nicht mehr auf einen Haufen rechen muss. Und Unkraut hat sowieso keine Chance, weil die Grasschnipsel den Boden bedecken. Das Gras mulcht sich sozusagen selbst. Das ist ein Lieblingswort und eine Lieblingsbeschäftigung von Monty Don. Mulchen. Man mulcht zum Beispiel den Gemüsegarten mit Kompost, um die Erde fruchtbarer und lockerer zu machen. Oder man bedeckt im Winter die Rabatten mit Laub, um mehrjährige Pflanzen vor Frostschäden zu schützen.

Meine Angst rührt von der Autonomie des Rasenmäher-Roboters her. Ich habe einmal bei Freunden am Küchentisch gesessen, Kaffee getrunken und mich unterhalten, als ich plötzlich eine Art Tier über den Rasen gleiten sah. Ich habe mich fürchterlich erschrocken. Sie hatten mir nicht erzählt, dass sie sich einen Rasenroboter angeschafft hatten. Seit diesem Moment bin ich das Bild eines seltsam langsamen Tieres, einer Art Riesenschildkröte, nicht mehr losgeworden. Die Eigentümer so eines automatischen Rasenmähers – der dank eines in der Erde verlegten Signaldrahts weiß, wo er anhalten und umdrehen muss – reden fast zärtlich über ihn, besonders wenn er in seiner Ecke verschwindet. »Schau, jetzt geht er schlafen.« Manche geben ihm sogar einen Namen.

Man sollte nicht in seine Nähe kommen, denn Menschen haben keine eingebauten Signaldrähte, das Ding sieht sie nicht und stößt frontal mit ihnen zusammen.

Ich selbst benutze einen altmodischen Rasenmäher. Mein Rasen oder, besser gesagt, meine Grasfläche mit ziemlich viel Unkraut ist etwa 150 Quadratmeter groß. Als ich den Rasenmäher in einem Laden in Bickendorf kaufte, sagte der Verkäufer schmunzelnd, dass nur alte Deutsche solche Geräte kaufen würden. »… und junge Niederländer«, hielt ich dagegen. Es war sein letzter, ein Ladenhüter. Wahrscheinlich war er heilfroh, ihn los zu sein. Ein Benziner schien mir für so eine kleine Grasfläche übertrieben, außerdem hatte ich gute Erinnerungen an den alten Handrasenmäher meines Opas. Bis zu seinem Tod hat mein Opa mit ihm gemäht. Sein Rasen war immer picobello. Am schönsten finde ich das Geräusch; ein Benzinmäher heult und brüllt und stößt Abgase aus, ein Handmäher hingegen gibt ein sattes Rasseln von sich. Wie gemütlich und zufrieden das klingt! Als wäre Rasenmähen eine der schönsten Beschäftigungen, die es im Garten gibt. So kam es mir jedenfalls vor, wenn Opa sein Gras an warmen Sommertagen mähte. Um dabei aufrecht stehen zu können, schnitt er die Ränder mit einer Grasschere mit langem Stiel. Rückblickend denke ich, dass er seine Ehre darangesetzt hat, einen so schönen Rasen zu haben, und dass er das vor allem seinem Handrasenmäher zu verdanken hatte. Das gilt auch für mich: Ein träges Mähen, mit Zuwendung und Ruhe durchgeführt, ist für die Grasfläche das Beste.

Es kommt manchmal vor, dass ich etwas zu lange nicht in der Eifel gewesen bin. Und obwohl ich dann immer erst einen Versuch mit zwei verschiedenen Einstellungen wage, kann mein Rasenmäher nichts mehr gegen die langen dicken Grashalme – und den Löwenzahn und die Gänseblümchen und den kriechenden Hahnenfuß – ausrichten. Bei solchen Versuchen steht meistens

Nachbar Klaus hinter mir. »Nimm doch meinen Rasenmäher«, sagt er dann. Mit dem brauche ich keine Viertelstunde, aber die Genugtuung bleibt aus. Ich finde es nicht schlimm, eine oder anderthalb Stunden beschäftigt zu sein, das Zusammenrechen der Halme mit eingerechnet. Ich könnte dabei sogar als Zeichen äußerster Zufriedenheit eine Pfeife rauchen. Hier in der Eifel habe ich noch nie einen Rasenroboter gesehen. Die meisten Rasenflächen sind einfach zu steil.

BALSAM BASHINGS

Letzte Woche – ich schreibe im August 2017 – war ich im Land von *Gardeners' World*. Von den üblichen kleinen Ärgernissen abgesehen, die ich früher übrigens *charming* fand – nie ein Löffel in der Zuckerdose; das schwachsinnig komplizierte Duschsystem mit einem Apparat an der Wand, den man einstellen und mit einer Kordel an- und ausmachen muss; die bizarren Dreipunktstecker, die zu zweit Reisende zwingen, abwechselnd die iPhones in der *Shavers-only*-Steckdose aufzuladen (wofür man oft die ganze Nacht die Spiegellampe brennen lassen muss, weil die mit der Steckdose gekoppelt ist); die *Ounze*, die nicht mit unserer Unze übereinstimmt –, war es wie immer eine wundervolle Woche. Die Berge, Täler, Seen und Küsten von Wales sind für mich eine der schönsten Landschaften der Welt.

Eine Sache fiel mir sofort auf. Die *Impatiens glandulifera* oder auch (Große) Balsamine genannt. Sie ist ein Exot, eine sogenannte invasive Pflanze. Invasiv bedeutet, dass eine solche Pflanze durch ihre blitzartige Verbreitung eine Bedrohung für die einheimische Pflanzenwelt darstellt. Die grauen Eichhörnchen – die mein Reisekumpan Henk und ich oft gesehen haben – sind auch solche Invasoren: Weil dieses ursprünglich aus Amerika stammende (und von den Briten selbst zwischen 1876 und 1929 mehrmals eingeführte) Tier viel opportunistischer ist, verdrängt es das einheimische rote. Das graue ist größer und stärker als das rote Eichhörnchen, es passt sich leichter an veränderte Umstände an und gewöhnt sich viel schneller an die Menschen in seiner Umgebung. In der Eifel habe ich übrigens noch nie ein graues Eichhörnchen gesehen, dort durchkreuzt ausschließlich das rote auf immer und ewig und über den immer gleichen Weg meinen

Garten. Und ängstlich ist es auch nicht, denn wenn ich mich auf seiner Route befinde (in einem Liegestuhl auf der Terrasse), läuft es einfach unter mir durch.

Zurück zu den Balsaminen. Sie riechen sehr stark und sehr süß. Ich kann mir vorstellen, dass es Leute gibt, denen der Geruch unangenehm ist. Die Balsaminen gehören zur Gattung der Impatiens, des Springkrauts. Das Fleißige Lieschen ist auch ein Teil dieser Familie. Das englische Wort *impatient* bedeutet »ruhelos« oder »ungeduldig«. Berührt man die Pflanzen, wenn ihre Samen reif sind, springen diese mit viel Rabatz in alle Richtungen. Dieses »in alle Richtungen« ist wichtig: Sie können bis zu acht Meter weit fliegen, und dadurch verbreiten sie sich rasant. Bei meinen früheren Besuchen in Wales war mir kein Springkraut aufgefallen. Nun wuchs es wirklich überall, auch an Stellen, die es überhaupt nicht mag, auf einem Hügel etwa, sogar ohne Bach. Es gedeiht nämlich am besten in einer feuchten Umgebung.

Augenblick mal, ich kann mich doch an Balsaminengewächse erinnern. Bei einem Haus, das ich oft besucht habe, etwas östlich von Caernarfon, das Haus, das später abgewandelt in meinem Buch *Der Umweg* vorkommt. Die Bewohnerin hatte sie irgendwann einmal aus den Niederlanden mitgebracht und in den Garten gepflanzt. Das muss um die Jahrtausendwende gewesen sein. Sollten etwa die heutigen Springkrautwälder auf die damals aus den Niederlanden importierten Exemplare zurückzuführen sein? Mir fällt plötzlich auch ein, dass die Bewohnerin mich irgendwann auf den Bach hingewiesen hat, der am Haus entlangplätschert, nahezu verborgen unter einem Kraut, das sie – wenn ich mich recht erinnere – ebenfalls aus den Niederlanden mitgebracht hatte. Der einstmals glasklare Bach war nicht nur über eine Strecke von ein paar Metern damit bedeckt, es waren hunderte von Metern. Ist die Frau etwa auch für diesen Ausbruch der Vegetation in dem entlegenen Winkel des Vereinigten Königreichs verantwortlich?

Wanderkumpel Henk und ich reisten von Caernarfon nach Porthmadog im Süden. Überall Springkraut. Danach verschlug es uns in südöstlicher Richtung nach Dolgellau. Ich glaube, hier habe ich das Springkraut kurz aus meinem Kopf verbannt, der Cadair Idris musste bestiegen werden. Nach Dolgellau ging es weiter, das Ziel war Llangollen, ein gutes Stück Richtung Nordosten. Den Snowdonia National Park mussten wir umfahren, um nach Llangollen an seiner Ostseite zu kommen. Während der Busfahrt sah ich ebenfalls ein paar Balsaminen. Ich machte Wanderkumpel Henk darauf aufmerksam. »Das ist eigenartig«, sagte er, »der Wind kommt hier doch meistens aus Westen.« Da hatte er Recht, schließlich steht das Bergmassiv des Snowdon im Weg. Und die Wolken bleiben für gewöhnlich an den Gipfeln des Snowdon hängen (wie damals, als wir ihn wieder einmal erklommen hatten). Für den Wind wäre es sehr schwierig, Balsaminensamen darüber hinwegzuwehen.

Von Llangollen wanderten wir entlang des alten Kanals voller *narrow boats* zum Pontcysyllte-Aquädukt. Kein Springkraut. Den Weg zurück nach Llangollen liefen wir teilweise über den Offa's Dyke Path. Überall Natur, Blumen, Büsche, jahrhundertealte Eichen, unzählige Bäche, Raubvögel und Schwalben, aber keine Balsaminengewächse. Dies verstärkte nur meine ziemlich unfundierte und deshalb möglicherweise törichte Vermutung, dass es sich an der linken Flanke des Snowdon um ursprünglich niederländisches Springkraut handelte.

Der offizielle englische Name lautet *Himalayan Balsam*, volkstümlich wird es oft *Policeman's Helmet* oder *Bobby Tops* genannt, weil die Blume einem Helm ähnelt. Bereits Mitte des 19. Jahrhunderts wurde es als preiswerte Alternative für teure Orchideen eingeführt: So konnten sich auch arme Leute an Blumen erfreuen, die Orchideen stark ähnelten. Mittlerweile ist es so weit, dass örtliche Naturschutzorganisationen sogenannte *balsam bashings* organisieren. Gruppen Freiwilliger tun am Wochenende einen ganzen Tag lang nichts anderes, als Balsaminen aus dem Boden zu reißen. Das ist leicht, sie wurzeln locker. Aber man muss es tun, bevor sich die Samen gebildet haben, also unbedingt vor August. Nimmt das nun meine Theorie auseinander? Kann sein. Anderseits liegt dieser Teil von Wales am äußersten Rand der Insel, und alle Informationen, die ich im Internet über die Probleme mit Springkraut in Nordwales gefunden habe, stammen aus den letzten Jahren. Das könnte darauf hinweisen, dass es um das Jahr 2000 noch nicht so üppig wucherte. Im *Wildlife and Countryside Act* von 1981 gibt es eine Liste von Pflanzen, die nicht importiert oder gepflanzt werden dürfen, da sonst eine saftige Buße droht. Die *Impatiens glandulifera* steht auf dieser Liste. Wie auch immer, die Bewohnerin des etwas östlich von Caernarfon gelegenen Hauses hatte sich eines Vergehens schuldig gemacht. Genau wie ich in den vergangenen fünf Jahren bei meinen Streifzügen durch die Wälder um mein Eifelhaus herum.

WARUM IMMER HOCH ZUM GIPFEL?

Mount Snowdon und Cadair Idris. Gipfel in 1085 und 893 Metern Höhe. Kaum der Rede wert, könnte man meinen, zumal der Aufstieg ziemlich flach beginnt. Wandert man aber von Rhyd Ddu zum Gipfel des Snowdon, muss man knapp 900 Höhenmeter überwinden. Ich mag diese beiden Berge sehr, wahrscheinlich weil sie in Nordwales liegen. Außerdem mag ich anstrengende Aufstiege, physische Strapazen und manchmal – wie beim Rhyd-Ddu-Path – eine Gratwanderung mit tiefen Abgründen links und rechts. Von allen Landschaften sind Berge die stillsten, himmlischsten, die höchsten und ruhigsten, die am meisten Ehrfurcht gebietenden, die weitesten und die, die am meisten Angst einflößen. Am Tag meiner Tour auf den Cadair Idris schaute ich mich um und sah Gras, Himmel, ein Schaf, Steinmauern und nur ab und zu einen Menschen. Und natürlich Raben. Still ist es dort, sehr still, eine Stille, die jedes vereinzelte Geräusch noch verstärkt. Das Blöken eines verirrten Lämmchens, das tiefe, mechanische *Krähkräh* eines Raben, der säuselnde Wind.

Ich bestieg den Berg allein, Wanderkumpel Henk hatte keine Lust. Und ich hatte Glück: Als ich den Gipfel erreichte, klarte es auf, und ich konnte in alle Himmelsrichtungen schauen. Sechs Stunden braucht man, stand in dem Buch, das wir uns zugelegt hatten. Bergauf und bergab. Ich war in anderthalb Stunden oben. Eines habe ich nämlich im Leben gelernt: Vertraue weder Büchern noch Menschen. Denn es stimmt nie, was sie behaupten. Es kommt auf die Kondition an, auf Erfahrung und vor allem darauf, wen man fragt; das Mädchen aus dem Dorfladen, das noch nie auf dem Berg gewesen ist, würde etwas völlig anderes behaupten als der Mann, der ihn zwei Mal im Monat besteigt, und das schon sein ganzes Leben.

Vor vier Tagen auf dem Mount Snowdon fehlte von Aussicht jede Spur. Es hatte sich zugezogen und fing zu regnen an. Deshalb herrschte in der Gipfelstation ein fürchterliches Gedränge. Alle – selbst diejenigen, die gemütlich mit der Dampfeisenbahn aus Llanberis gekommen waren – suchten Schutz vor Nässe und Kälte, wir ebenso hektisch wie die anderen. Also ließen wir den Gipfel – nur knapp zehn Meter über uns – links liegen. Mitte August: meine Finger weiß vor Kälte, Ohrenschmerzen vom Regen und Wind, rote Knie. Wir wanderten zum ersten Mal den Snowdon-Ranger-Path entlang, ein Aufstieg von 937 Metern. Schade, dass es neblig war. Man sieht nichts, hat keine Ahnung, wo man ist, wie weit es noch sein wird, wie gut man vorangekommen ist. Und wann man das letzte Kleidungsstück, das noch im Rucksack steckt, anziehen soll. Sollte man einen Zahn zulegen, um warm zu bleiben? Ist man überhaupt noch auf dem richtigen Weg? Das sind die Augenblicke, in denen sich – wie immer in den Bergen – die Angst einschleicht. Irrwitzig, wenn jetzt, in dieser Kälte, etwas passieren würde. Und einmal oben angekommen, muss man auch schon wieder absteigen. Dann wird es bestimmt noch kälter, wenn der Regen nicht aufhört. Diese Angst überfällt mich nie, wenn ich in anderen Landschaften unterwegs bin, im Wald zum Beispiel.

Natürlich wurde es noch kälter. Der Wind peitschte uns in die Gesichter, als wir den Grat hinunterliefen. Wir sahen kaum die Hand vor Augen, die Sicht betrug knapp 30 Meter. Unten angekommen, zogen wir die Regenjacken aus und tranken im The Cwellyn Arms ein Pint. Auf der Terrasse war es beinahe warm. Von unserem Tisch aus konnten wir sehen, wie sich der Snowdon-Ranger-Path hochschlängelte, und endlich unsere morgendliche Tour rekonstruieren, insbesondere als wir in der Ferne, ungefähr dort, wo unser Weg auf den Llanberis-Path trifft, die Dampfwolken der Bergbahn bemerkten.

Warum immer hoch zum Gipfel? Was ist das nur für ein Drang, alles bezwingen zu wollen? Man könnte doch auch eine Runde am Fuße des Bergs drehen und voller Ehrfurcht aufschauen, vielleicht sogar ganz zufrieden damit, in der Sonne unterwegs zu sein, und nicht da oben, wo fast immer eine dunkle Wolke hängt. *Bezwingen*. Ein Verb, das ganz und gar zu den Bergen gehört. Der Beispielsatz im Van Dale, dem niederländischen Duden, ist denn auch »einen Berg bezwingen«, was mit »erfolgreich besteigen« umschrieben wird. Wollen wir uns die Natur, dieses unwirtliche Gebilde, gefügig machen? Zeigen, dass wir Menschen doch klüger oder stärker sind? Ein Kräftemessen mit einem leblosen Haufen Steine, der sich nicht wehren kann? Bei mir ist das stark ausgeprägt: Sehe ich etwas, das einem Berg auch nur annähernd ähnelt, muss ich hinauf. Mich treibt die Unruhe, bis ich es endlich getan habe.

Noch mit dem Pint in der Hand hatte ich den Impuls, augenblicklich ein zweites Mal hinaufzuwandern, denn es hatte aufgeklart. Wir konnten den Gipfel sehen! Einmal habe ich das wirklich getan, als ich dort allein unterwegs war, mich bei einem diesigen Abstieg umdrehte und sah, dass der Gipfel plötzlich wolkenfrei war. Da kehrte ich einfach wieder um, die Wanderung hat nur eine Stunde länger gedauert. Warum, fragte eine quälende innere Stimme nach dem halben Bier, bist du eben nicht auf den Gipfel gestiegen? Was hat dich von den letzten Schritten abgehalten? Die Tour ist gescheitert, du warst nicht auf dem Gipfel. Je älter ich werde, desto besser gelingt es mir zum Glück, die quälenden Stimmen in meinem Kopf zu ignorieren. Zum Glück kann ich mir heutzutage problemlos selbst weismachen, dass es überhaupt nicht schlimm ist, seinen Ängsten nachzugeben. Und auch: Wenn man einmal auf dem Gipfel war, hat man sein Ziel doch erreicht. Warum sollte man also immer wieder aufs Neue diesen Gipfel besteigen? Ein Gipfel, der noch nicht einmal ein richtiger Gipfel ist, denn dort steht ein kleiner Obelisk. Eine eineinhalb Meter hohe Betonsäule. Von Menschen aufgestellt. Und eigentlich ist es auf diesem Gipfel schrecklich. Völlig überlaufen, Hunde und Menschen, die lauthals in ihre Handys brüllen, dass sie auf dem Gipfel stehen. Und in der Gipfelstation geht es zu wie in einem Fish'n'Chips-Laden in einem schäbigen Londoner Viertel.

Manche Menschen wissen anscheinend nicht, dass eine Eisenbahn von Llanberis den Berg hinauffährt; sie kommen mit der Welsh Highland Railway nach Rhyd Ddu und werden fast wahnsinnig, wenn sie nach einem mühevollen Aufstieg oben ankommen und denken, in einer Comedyshow gelandet zu sein, in der man die Menschen zum Narren hält. Während der Gipfelerstürmung, wenn man sich noch mit dem Weg und nicht mit dem Ziel beschäftigt, gilt, was ich hier schon über die Schönheit der Berge gesagt habe: himmlischste, ruhigste und weiteste Natur. *Urwüchsig* habe ich noch vergessen. Vielleicht sind Berge die urwüchsigsten Landschaften überhaupt. Im Fall des Snowdon ist der Drang, immerzu den Gipfel bezwingen zu müssen, keine so tolle Idee. Jedenfalls nicht an überfüllten Wochenenden.

Zwischen dem Mount Snowdon (der auf walisisch Yr Wyddfa, »Grabhügel«, heißt) und dem Cadair Idris (»Idris' Stuhl«) kletterten wir auf einen Berg, der nicht in dem Buch steht. Mynydd Mawr, »großer Berg«. Von Norden ähnelt er einem liegenden Elefanten. Das fand Wanderkumpel Henk so lustig, dass er vorschlug, ihn zu besteigen. 698 Meter hoch und leicht. Aber gerade dieser Berg stellte sich als der schwierigste der drei heraus. Wegen der langen Strecke und des Abstiegs, bei dem sich Wanderkumpel

Henk das Knie verdrehte, weshalb er davon absah, mit mir den Cadair Idris zu besteigen.

Hier ging es nicht um den Gipfel, sondern um die Wanderung an sich. Die war mindestens so schön wie die beiden anderen. Der Gipfel des Mynydd Mawr ist eher eine ausgedehnte Heidefläche, bei der, wiederum durch menschliches Eingreifen, der echte Gipfel erst spät sichtbar wird: ein riesiger Steinhaufen, ein *Cairn*. Glücklicherweise war neben dem Cairn eine Kuhle aufgeworfen, (ja, das geht, eine Kuhle *aufwerfen*: einfach Steine in einem Kreis aufeinanderstapeln), denn da oben wehte der Wind unbarmherzig. Die Sonne lachte, der Himmel war strahlend blau, in der Ferne das Massiv des Snowdon, dessen Gipfel wie üblich in den Wolken lag, und auf der anderen Seite die Irische See. Aber das Beste: Hier oben war keine Menschenseele. Die riesige Fläche gehörte ausschließlich uns und den kleinen Vögeln, die umherflatterten. Graubraune Bergvögel, die ich nicht kannte, und ich hatte *Petersons Vogelgids* nicht zur Hand. Kein echter Gipfel. Hier musste nichts bezwungen werden, und dennoch war es Ehrfurcht gebietend und himmlisch und weit weg von allem. Tiefe Stille, verstärkt nur durch das Pfeifen des Winds, der sich von nichts hat aufhalten lassen.

Ja, Berge mag ich am liebsten. Vielleicht wegen des ständigen Gefühls der Angst oder der Ehrfurcht. Man muss, besonders beim Abstieg, sehr konzentriert sein. Ein Blick in die Ferne, schon tritt man neben einen Stein oder schlimmer noch: Man stürzt in die Tiefe. Will man die Aussicht genießen, sollte man stehen bleiben. Die Konzentration, oder die milde Angst, sorgt dafür, dass ich in den Bergen *spüre*, dass ich in der Natur bin; um mich herum ist etwas, mit dem ich rechnen muss, in dieser Urwüchsigkeit lauert Gefahr. Berge sind kahl. Hier heißt es: du und der Berg, keine Bäume oder Sträucher, die einen ablenken, alles zeichnet sich scharf ab, Durcheinander gibt es nicht, meist ist das Gras dank der dort weidenden Schafe oder aufgrund der klimatischen Umstände tadellos kurz; und ich befasse mich nicht die ganze Zeit damit, die Natur zu zähmen, was ich in anderen Landschaften recht gerne mache. Immer will ich eine Art Garten anlegen, etwas abstecken, etwas schneiden und stutzen, weil es mir sonst viel zu chaotisch und unübersichtlich erscheint. In den Bergen beschäftige ich mich gedanklich nie mit einem Garten. Und das macht mich unendlich zufrieden.

Ich war 16, als ich vor meinem ersten Berg stand. In den Midlands. Im Vereinigten Königreich. Die Leute, bei denen mein Nachbarmädchen und ich zu Gast waren, hatten uns nach Dovedale mitgenommen, eine Naturlandschaft am River Dove. Dort kletterten wir auf einen Berg, obwohl er nicht viel höher als 300 Meter gewesen sein kann. Vielleicht der Thorpe Cloud, ich kann das heute nicht mehr genau rekonstruieren. Ich dachte, ich werde wahnsinnig. Es war, als wäre ich in Wieringerwaard und eine Riesenhand hätte ein Stückchen Land wie ein Tuch am Zipfel gepackt und hochgezogen. Ein vollkommen kahler Berg, Schafe, kurzes Gras. Wirklich wie zu Hause, nur in Bergform. Ich glaube, ich habe überhaupt nicht kapiert, wie dort die Weite und dieses Heimatgefühl in völlig anderer Form vor mir lagen. Es hat einen unauslöschlichen Eindruck auf mich gemacht und wahrscheinlich den Grundstein für meine Liebe zu diesem Land gelegt.

Der schlimmste Berg, den ich jemals bestiegen habe, ist die Reichenspitze in den Zillertaler Alpen. 3303 Meter hoch und vollkommen schneebedeckt. Keine Vegetation, gar nichts. Eine »hochalpine Tour« mit Steigeisen, Eispickeln und Seilen. Ein Grat zum Erschaudern, und wir mitten auf diesem Grat, der Bergführer aus Friesland vorneweg. Er drehte sich um und rief: »Wenn einer von euch abstürzt, müssen die anderen sofort auf die andere

Seite, sonst gibt's ein Blutbad.« Zwei Männer hatten da längst aufgegeben, sie hatten eine andere Vorstellung von einer hochalpinen Wanderung (»So schlimm wird's schon nicht werden.«), und ein Mann, der noch am Seil lief, hatte einen Kopfverband, weil er ein paar Tage zuvor von einem Gletscher gestürzt war. Ich hatte als Strafe seinen Kopf und auch seine anderen Verletzungen verbinden müssen. Ich hatte »na los« gesagt, obwohl der Bergführer, Dutzende Meter tiefer, das Startsignal für den Abstieg hätte geben müssen. Der Bergführer hatte sich auch verletzt. Einer fällt und reißt einen anderen mit sich, zwei Körper auf dem Eis, Steigeisen, Felsbrocken, das geht nie gut.

Ich stand auf dem verschneiten Grat Todesängste aus, aber es gab kein Zurück, ich war an die anderen gebunden und außerdem: Zurück bedeutete, genau über diesen Grat zu rutschen, diesmal allerdings bergab. Sonne, Schnee, Stein. Nicht mehr und nicht weniger. Absolute Stille. Buchstäblich erhabene Kilometer über der hektischen Welt. Jeder – wir waren noch zu viert – hatte die Bilder eines möglichen Blutbads im Kopf. Todesangst und doch atemberaubend schön. Einmal auf dem Gipfel – dort steht ein großes Eisenkreuz mit einem Kästchen und einem Buch darin, in das man seinen Namen und das Datum schreiben kann –, brachte ich keinen Bissen herunter. Ich war so froh, als ich einen Vogel erblickte. Eine Alpendohle. Ein lebendes Wesen, das hierher gehörte. Ich war also doch nicht auf dem Mond. Meine Wanderkameraden waren natürlich auch lebende Wesen, aber von der Sorte, die hier nichts zu suchen hatte. Die nützten mir nichts. Die Alpendohle aber hatte hier etwas zu suchen, sie gab mir das Selbstvertrauen für den Abstieg.

Am Ende der Woche kamen alle Gruppen, die unabhängig voneinander eine oder zwei Wochen durch die Berge gewandert waren, in einem Hotel in Königsleiten zusammen. Bunter Abend. Da brach der Bergführer nach ein paar Bieren in Tränen aus. Die

Erhabenheit der unwirtlichen Natur und seine Verantwortung, uns sicher durch sie hindurchzulotsen. Die Anspannung war ihm zu viel geworden.

NEPPGARTEN

Eine dritte Beobachtung aus Wales. Über einen Neppgarten. Gärten, wie man sie überall findet, Gärten aus der Vergangenheit, die heute wie ein Museum eingerichtet sind oder zum (Horti-) Kulturerbe ernannt werden. Gärten, die einen hinters Licht führen. In diesem Falle: Plas Newydd in Llangollen. Die Kleinstadt ist wegen der *Ladies of Llangollen* bekannt und zieht zahlreiche Touristen an.

Lady Eleanor Butler und Miss Sarah Ponsonby. Irischer Adel. Die beiden lernten sich 1768 kennen und wurden Herzensfreundinnen. Butler war damals schon 29, eine »alte Jungfer«, und ihre Familie tat ihr Bestes, um sie in ein Kloster zu stecken. Lieber ins Kloster als unverheiratet die Schande der Familie. Ponsonby war gerade 13. Ihr Pflegevater stellte ihr nach und wollte sie, war seine Frau erst einmal gestorben, heiraten. Mit Hilfe des Dienstmädchens Mary Carryl gelang den beiden 1778 die Flucht nach Wales, ob als Männer verkleidet, sei dahingestellt (Geschichten aus der fernen Vergangenheit werden manchmal gerne etwas übertrieben oder sind rundweg falsch). Sie kamen in Milford Haven in Südwales an, reisten dann aber weiter in den Norden. Als sie in Llangollen eintrafen, verliebten sie sich in die Landschaft und beschlossen, zu bleiben, »*to devote themselves to friendship, celibacy and the knitting of stockings*«, wie der *Lonely Planet Wales* vermeldet. *Lonely Planet* ist für seine trockenen und daher oft unfreiwillig komischen Beschreibungen von Orten, Restaurants und Attraktionen berüchtigt.

Ab 1780 wohnten sie in einem Haus, dem sie den Namen Plas Newydd gaben und das sie im Laufe der Jahre mit Bleiverglasung und gotischen Holztäfelungen verschönerten. Sie hatten zwar kaum Geld, leisteten sich aber einen Gärtner, zwei Dienstmädchen und einen Hausknecht. Personal: Adel eben, *keeping up appearances*. Als 1809 das treue Dienstmädchen Mary Carryl – mit der die Ladies eine äußerst freundschaftliche Beziehung pflegten – starb, hinterließ sie den beiden ein Grundstück, das an ihr Haus grenzte. Ponsonby und Butler ließen auf dem Friedhof St. Collen einen dreiseitigen Gedenkstein aufstellen. Nach Mary Carryl wurde 1829 auch Eleanor Butler dort begraben und zwei Jahre später Sarah Ponsonby. Die beiden hatten rund 50 Jahre zusammen in Plas Newydd gelebt. Ihr Grabstein ist aus Carrara-Marmor, der des Dienstmädchens aus Sandstein. Standesbewusstsein bis in den Tod. 2010 wurde das Grabmal restauriert.

Die *Ladies of Llangollen* waren in ihrer Zeit ziemlich berühmt, höchstwahrscheinlich aber wider Willen. Die Lebensweise der beiden Frauen, ohne die Unterstützung eines Mannes, und das Gerücht, die beiden könnten lesbisch sein, zogen viele Gäste und Neugierige an, unter anderem die Dichter Wordsworth und Byron, den Duke of Wellington und Josiah Wedgwood (der mit dem Geschirr). Eine große Attraktion war der Garten, deshalb beschäftigten sie ja auch einen Gärtner. Als das Grundstück von Mary Carryl hinzukam, bauten die Damen ihren Garten tüchtig aus, und das in einer Zeit – man vergisst das manchmal –, in der ein Garten Luxus war. Das war lange vor dem Import der Balsaminen, die den armen Leuten vorgaukeln sollten, sie hätten Orchideen vor der Haustür stehen. Nur die Reichen, die genügend Zeit und Geld erübrigen konnten, hatten einen Garten. Gärten und Parks umgaben Schlösser und Landsitze, wo genug Geld da war, um mehrere Gärtner zu beschäftigen.

Der besseren Gesellschaft wäre es nie in den Sinn gekommen, sich die Hände selbst schmutzig zu machen. Ein Garten war ein Zeichen von Wohlstand und Macht, ein Accessoire, genau wie kostspielige italienische Uhren auf den Kaminsimsen oder große flämische Tapisserien an den Wänden. Gut möglich, dass weder Eleanor Butler noch Sarah Ponsonby je einen Finger in die Erde gesteckt haben.

Wanderkumpel Henk und ich fuhren am Morgen unserer Abreise nach Plas Newydd. Der Flug sollte nachmittags von Manchester aus gehen, also hatten wir noch genügend Zeit, einen kleinen Ausflug einzuschieben. Nach dem Erwerb unserer Eintrittskarten bekamen wir ein Faltblatt mit der Karte des Gartens und der Gebäude. Ganz allmählich wurde uns allerdings bewusst, dass wir in einem Märchen herumspazierten. Bei jeder Attraktion – Steinbrücken über einen Bach, ein Bänkchen auf einem Hügel – gab es eine Informationstafel. Zum Beispiel, dass die Steinbrücken zu Zeiten der Damen noch aus Holz waren, und dass das Bänkchen die Rekonstruktion einer Bank darstellt, die wohl auf einem Gemälde von 1834 abgebildet ist. Je weiter wir kamen, desto weniger erwies sich als echt. Vor dem Haus ein formaler Garten mit Buchsbäumen. Später las ich in einem Ordner, in dem die Geschichte des Hauses bis zum heutigen Tag dokumentiert wird, dass der »Vorgarten« zu Lebzeiten der Damen eine Weide gewesen war, auf der ihre Kühe grasten. Auf einem Rasen gleich neben dem formalen Garten bildeten riesige Steine einen Kreis, zu Ehren des einst im Städtchen organisierten *Eisteddfod*, des jährlich in Wales stattfindenden achttägigen Festivals für Gesang, Tanz und Literatur. Hier erstreckte sich ein prachtvoll strenges *bowlsgreen*. Bowls mag es zwar schon um 1800 gegeben haben. Doch erst als 1830 der Rasenmäher erfunden wurde, mit dem ein Green auch wirklich zum Green gemäht werden konnte, wurde daraus ein großer Sport. Also viel später.

Wir gingen Kaffee trinken und Kuchen essen. In dem Café, das neben dem ehemaligen Stall lag. Aber traf das überhaupt zu?

Das Gebäude sah eher wie ein Pförtnerhaus aus. Stimmte hier denn gar nichts? Doch, die Bemerkung *Vastly overpriced!*, die wir im Gästebuch einer temporären Ausstellung in einem der Nebengebäude fanden, die stimmte. Da stand es schwarz auf weiß. Egal, ob wir dem beipflichteten oder nicht. In der Ferne sahen wir den Wasserturm, dessen Äußeres Fassade und Dach des Hauses nachahmt. Äste verdeckten uns teilweise die Sicht. Äste von Bäumen, die vor 200 Jahren bestimmt auch noch nicht hier gestanden hatten. Den Wasserturm gab es damals übrigens ebenfalls nicht, der wurde lange nach dem Tod der beiden Damen gebaut. Und auch wenn er die Bauweise des Hauses nachahmt, kann es keine Nachahmung des Hauses zu Beginn des 19. Jahrhunderts sein, denn dies wurde von späteren Bewohnern erheblich verändert.

Das meine ich mit Neppgarten. Wenn ich nun in Gedanken noch einmal durch den Garten spaziere, stelle ich fest, dass dort nahezu nichts original gewesen ist. Nicht einmal das Haus. Was hat man von so einem Museum? Gut, wir haben etwas vom Leben der beiden Frauen und ihrer alten Haushälterin erfahren, wir kamen auch dahinter, dass man berühmt werden kann, nur weil man anders ist als andere, berühmt wider Willen – sie liefen zu ihrer Zeit absichtlich in dunklen, unauffälligen Kleidern herum. Aber von diesem Garten, dem sie einen Teil ihrer Berühmtheit verdankten, ist nichts mehr übrig! Dieser Garten ist ein Mythos, und wir waren offenen Auges darauf hereingefallen.

Wie um uns dies noch einmal zu illustrieren, widmete sich ein dicklicher Gärtner mit einer elektrischen Heckenschere dem *topiary*, der Kunst des Formschnitts. Hin und wieder bestieg er sogar eine Aluminiumleiter. Für die Feinarbeiten griff er zu einer Handheckenschere. Die in Form geschnittenen Eiben datieren um das Jahr 1910. Dies war ein Betrieb, hier arbeiteten Menschen, bestimmt auch ehrenamtlich. Ein lesbisches Paar mit einem wild hechelnden Border Terrier lief über die Wege. Eine Gruppe Freundinnen mit kurzen Haaren und festem Schuhwerk saß auf den Bänken im Garten hinter dem Haus und blickte über die Rabatten von heute und über die dürftigen Überbleibsel der *Georgian shrubbery*, die die Damen hatten anlegen lassen. Daran war nichts verkehrt, auch das Wetter war noch schön, es war still und ruhig. Aber tut nicht so, als würden die Besucher die Gelegenheit bekommen, in einem Garten zu sitzen, der vor 200 Jahren genauso ausgesehen haben soll.

Der einzige Garten, der einen nicht hinters Licht führt, ist der Barockgarten, über den ich an anderer Stelle als zukunftslosen Garten geschrieben habe, selbst wenn er hunderte Jahre alt ist. *Zukunftslos* ist natürlich ein seltsames Adjektiv. Unveränderlich klingt besser. Obwohl man sich dessen ja auch nicht sicher sein kann. Vielleicht sind die Gärten von Palast Het Loo in Apeldoorn das schönste Beispiel für einen niederländischen Barockgarten. Auch Französischer Garten genannt, ist er aber ein Barockgarten aus den zwanziger Jahren des vergangenen Jahrhunderts. Mithilfe alter Gemälde und Ausgrabungen wurde er rekonstruiert. Der ursprüngliche Barockgarten datiert um das Jahr 1700. Er sollte – nach den Wünschen des Statthalters Willem III. – mindestens so imposant werden wie die Gärten von Versailles. Ein Jahrhundert später wurde er – wohlgemerkt unter einem Franzosen, Louis Bonaparte, König von Holland – zu einem englischen Landschaftsgarten umgestaltet. Ein »romantischer« Garten, der nahtlos in die umliegenden Wälder überging, in denen Königin Wilhelmina bestimmt ihre Staffelei aufgestellt hat. Ich habe so das Gefühl, dass sie keinen Wert auf einen Barockgarten gelegt hätte.

ARMES GNU

Ich habe mir Tiervideos im Internet angesehen. Die sind recht beliebt. Oft handelt es sich um lustige Filmchen, in denen Hunde und Katzen irgendwelchen Blödsinn anstellen. Ebenso viele Videos zeigen Rettungsaktionen. Menschen befreien einen Wal oder eine Meeresschildkröte oder einen Basstölpel aus einem Fischernetz. Menschen helfen wilden Tieren. Oder sie bergen unter Lebensgefahr einen Hund aus einem Eisloch, aus dem er es allein nicht mehr herausschafft.

In einem der schrecklichsten Filme versucht ein Mann einer Meeresschildkröte einen, wie ich vermute, langen Plastikdübel aus ihrem Nasenloch zu ziehen. Der Kerl hat mich fast in den Wahnsinn getrieben, ich hätte ihm zu gern die Zange aus der Hand gerissen. Er ging so stümperhaft vor, es dauerte so lange, dass ich kaum hinsehen konnte. Kommentare wie »*Heartwarming. Whale shows its gratitude after being rescued*« gibt es zu lesen. Obwohl der Wal sich wahrscheinlich einfach nur an ein fischernetzloses Leben gewöhnen muss und ein paar Proberunden dreht, bevor er wegschwimmt. »*Look how it is waving its tail in a salute to its rescuers.*« Was für ein Quatsch. Das Tier taucht unter, der Schwanz ist das letzte, was noch aus dem Wasser ragt. Der reinste Anthropomorphismus.

In dem Film, über den ich jetzt schreibe, spielen ein Gnu, ein Krokodil und zwei Nilpferde mit. Eine Herde Gnus und Zebras sind die Komparsen. (Falls die Leserschaft ihn sich ansehen möchte: YouTube »*Hippos come to rescue wildebeest from crocodile*«.) Zum Inhalt: Ein Krokodil hat an einer Wasserstelle nach einem Gnu geschnappt. Es beißt sich am Hinterbein des Herbivoren fest und will ihn ins Wasser zerren, um ihn zu ertränken. So geht das eine Weile. Einmal gewinnt das Gnu an Terrain, dann wieder das Krokodil. Das Gnu röhrt seinen Schmerz und die Todesangst heraus. Ab und zu dreht es sich kurz um, als wollte es sich vergewissern, dass wirklich ein Krokodil an seinem Hinterbein hängt. Andere Gnus und später auch Zebras schauen zu. Sie können nicht viel tun. Den Text zu den Bildern liefert ein südafrikanisches Ehepaar, das auf Safari ist. Plötzlich tauchen zwei Nilpferde auf. Nach kurzem Zögern verjagen sie das Krokodil. Das Gnu ist gerettet. Man hört Jubel, Händeklatschen, und die Frau sagt auf Afrikaans: »Ach, das ist fantastisch, nicht?«

Nein. Natürlich ist das nicht »fantastisch«. Das Gnu humpelt davon, normal laufen kann es nicht mehr, sein Hinterbein ist gebrochen. Ein erbärmlicher Anblick. Was diesen Film so besonders macht, verstehe ich ja. Wie es aussieht, kommen zwei Nilpferde einem Gnu zu Hilfe. Die einen Paarhufer retten den anderen Paarhufer. In einem Kommentar steht, es müsse gar keine Rettungsaktion gewesen sein, sondern einfach ein Ausdruck ihres Reviertriebs. Eine Relativierung, wie ich sie mag. Jedenfalls war es nicht »*heartwarming*« oder so etwas. Nur, wie ergeht es eigentlich dem Gnu, nachdem die Videokamera abgeschaltet wurde? Während das südafrikanische Ehepaar in der sicheren Hütte ein gemütliches Abendessen einnimmt? Es geht zugrunde. Das arme Tier hat ein gebrochenes Hinterbein. Es kann kaum laufen. Höchstwahrscheinlich ist es noch am selben Tag von einem großen Raubtier gerissen worden, einem Löwen oder Gepard. Oder von Hyänen oder Wildhunden – das Gnu hat bei einem Sprint nicht die leiseste Chance. So muss das arme Tier also gleich zweimal all das Elend, den Stress, den Kampf durchstehen, um dann doch in Schockstarre zu verfallen und aufzugeben, wie es Beutetiere nun einmal tun.

BAUMFÄLLER

Mit der Zeit bekomme ich mit, wie sich die Dinge verändern. Die Eiche an der Seite des Hauses habe ich vor fünf Jahren als frischgebackener Gartenbesitzer ungefähr um zwei Meter zurückgeschnitten. Weil mir die Äste das Sonnenlicht genommen haben. Auf Leute, die meinten, ich sollte sie besser gleich fällen, habe ich nicht gehört. Vielleicht ahnte ich damals schon, dass sie sich an heißen Sommertagen als unentbehrlicher Schattenspender erweisen sollte. Immer sah ich in meiner Eiche nichts anderes als eine stinknormale Stieleiche, die *Quercus robur*. Die Wunden des Rückschnitts waren rasch verheilt. Die ersten zweieinhalb Jahre wurde der Baum von einer sehr viel größeren Eiche im Garten von Nachbarin Trappen überschattet. Deshalb war meine Eiche an der Westseite etwas verkümmert. 2015 habe ich Folgendes darüber geschrieben:

Die Vorderseite meines Hauses geht nach Süden. Stehe ich mit dem Rücken zum Haus, ist links Osten und rechts Westen. Viel Sonne, wenn sie scheint. Hinter mir der Norden, die Kälte, der Hügel, die niemals sichtbare Nordsonne. Im Vorgarten von Nachbarin Trappen stehen zwei gigantische Fichten, die ihr bereits verstorbener Mann vor Urzeiten gepflanzt hat. Und an einer Hausecke steht eine bestimmt 80 Jahre alte Eiche, der ich schon vor zwei Sommern die untersten dicken Äste abgesägt habe, damit ich unter dem Baum durchschauen kann. In die Ferne. Ich durfte das, Nachbarin Trappen hatte nichts dagegen. Aus (Süd-)Westen fällt nachmittags etwas Schatten in meinen Garten. Sohn Hansi erwog vor ein paar Monaten, die Eiche im Frühjahr zu fällen.

Das »Frühjahr« kam sehr zeitig in die Eifel, denn die Fichten und die Eiche wurden an einem einzigen Tag fachmännisch von einer Firma, die passenderweise *Baumfäller* heißt, entfernt. Das Wort »stehen« im ersten Absatz lässt sich nun also durch »standen« ersetzen. Schon jetzt, noch mitten im Winter, ist die Extraportion Licht, die an meiner blattlosen Eiche vorbei in mein Haus und meinen Garten fällt, immens. So immens, dass ich mich bei Sohn Hansi im Scherz darüber beklage. In meinem Seitengarten wachsen nämlich allerhand Schattengewächse, unter anderem eine ganze Etage Funkien. Er muss laut lachen. Wer nicht gelacht hat, war Nachbarin Trappen. Als die Fichten gefällt waren und die beiden Männer sich an die Eiche machten, ging ich zu ihr in die Küche. »Schrecklich«, sagte sie niedergeschlagen. »Ich bin mit dem, was Hansi da treibt, ganz und gar nicht einverstanden.« Aber du sagst doch seit Jahren selbst, wie dunkel und unfreundlich es in deinem Haus ist, warf ich ein. »Ist das so?«, fragte sie. Ja, das ist so, versicherte ich ihr. Sie starrte hinaus. »Was machen die denn jetzt schon wieder?«, fragte sie. »Mensch, dieser Lärm macht mich noch wahnsinnig.« Die fällen jetzt die Eiche, sagte ich. »Muss die auch weg?«, fragte sie.

Vor dem Küchenfenster fegte Sohn Hansi gerade die Sägespäne zusammen. »Er lacht«, sagte Nachbarin Trappen. Nein, sagte ich, er lacht nicht, aber ich glaube, er ist recht zufrieden. »Und du?«, fragte sie. »Bist du auch zufrieden? Findest du das gut?« Ich sagte, ja, und dass sie nun den lieben langen Tag im Bikini in der Sonne liegen könnte. Da musste sie doch lachen. »Dann wird es hier einen Unfall nach dem anderen geben«, sagte sie. »Die ganzen Autofahrer denken bestimmt, was liegt denn da für ein vergammeltes Stück Fleisch? Die erschrecken sich doch zu Tode!« Pflanz doch ein paar neue Bäume, schlug ich vor. Sie schaute mich an, schweigend, schob ihre Kaffeetasse auf dem Wachstuch hin und her. Ich weiß nicht recht, aber ich könnte mir vorstellen, dass ich, wenn ich 95 bin, einfach weiterpflanzen werde. Solange man pflanzt, ist man nicht tot.

(Und sei es nur, damit ich – mit all den jungen Bäumen um mich herum – von der Redensart »Bäumchen groß, Gärtner tot« verschont bleibe.)

Keine Nachbareiche mehr. Mit einem Mal hat meine Eiche viel mehr Licht bekommen und sich binnen kürzester Zeit erholt. Heute – im September 2017 – ist die Krone schon fast so, wie es sich für eine anständige Eichenkrone gehört. Sie steht auch viel besser im Blatt. Erst als ich bemerkt habe, dass meine Eiche nie Eicheln trägt, habe ich sie einmal eingehender studiert. Dabei entdeckte ich, dass es sich um eine *Quercus frainetto* handelt, um eine Ungarische Eiche. Schön und gut, aber erklärte das auch die Eichellosigkeit der Eiche in meinem Garten? Ich suchte heraus, was es mit der Ungarischen Eiche auf sich hatte, ob sie vielleicht einen Artgenossen zur Befruchtung brauchte. Das Einzige, was ich – auf einer englischen Internetseite – über die Ungarische Eiche finden konnte, ist, dass sie *monoecious* ist, eingeschlechtlich, mit dem Zusatz »*both sexes can be found on the same plant*«. Tja, und da schlägt der Übersetzerteufel zu. Steht da nun »kann man an demselben Baum antreffen« oder »werden an demselben Baum angetroffen«?

Im Sommer 2015 trug meine Eiche plötzlich Eicheln. Ziemlich kleine im Vergleich zu Stieleicheneicheln. 2016 hatte sie Eicheln, und auch in diesem Jahr trägt sie welche. Kommt das durch das Fällen der Eiche von Nachbarin Trappen? Hatte meine Eiche einfach nur mehr Licht und Platz benötigt, um Eicheln zu produzieren? Scheint so, immerhin sind das die einzigen Wachstumsfaktoren, die sich geändert haben. En passant las ich, dass die Ungarische Eiche ein schnell wachsender Baum ist, was erklärt, dass sie nach nur zwei Sommern schon ganz anders dasteht.

Nachdem ich einen Nagel in den Stamm geschlagen hatte – ich wollte einen Keramikspecht daran befestigen –, bemerkte ich, dass die kleinen Zweige am Stamm verdorrten. Hatte das eine etwas mit dem anderen zu tun? Beeinträchtigt man den Saftstrom mit einem für einen so großen Baum sehr kleinen Eingriff dermaßen, dass Zweige absterben? Doch warum war das nicht passiert, als ich vor Jahren eine dicke Schraube in den Stamm gebohrt hatte, um daran einen Nistkasten aufzuhängen? Es musste einen anderen Grund geben.

Mit der Zeit bekomme ich mit, dass die Stechpalme an der Straße im Sommer die Blätter wechselt. Sehr unerfreulich, denn dann muss ich nicht nur im Herbst, sondern auch im Sommer Laub harken. Obendrein ist die Palme im Sommer mit ihren vielen gelb gewordenen Blättern nicht mehr so hübsch. Aber ich weiß ja, dass das Entlauben Ende Juli vorbei ist und die Palme reichlich neue Blätter tragen und abermals hübsch sein wird. Auch immergrüne Bäume und Sträucher lassen die Blätter fallen, und Stechpalmenblätter haben eine durchschnittliche Lebensdauer von vier Jahren. Weshalb verliert die Palme gerade im Sommer ihre Blätter? Wegen der Wundschließung? Bäume schneidet man am besten im Sommer, wenn der Saftstrom reichlich steigt und fällt und sie in der Lage sind, die Wunde eines abgesägten Asts unverzüglich abzudichten. Im Winter ist die Gefahr, dass Schimmel oder Bakterien eindringen, viel größer.

Ich bekomme mit, wie sich die kleine Edelkastanie, die ich zu einem unmöglichen Zeitpunkt (Ende April) umgepflanzt hatte, schwertut. Ich begreife auch, wieso. Wie vorsichtig man einen Baum auch ausgräbt, immer werden dabei Wurzeln beschädigt. Und tut man das, wenn der Saftstrom vollauf in Gang ist, vielleicht gar in dem Moment, in dem die ersten Knospen sprießen, weiß man, dass man sein Allerbestes geben muss, um den Baum zu retten. Ich rette ihn mit Wasser. Täglich Unmengen von Wasser. Und doch bleibt einer der beiden Stämme auf der Strecke, während am Fuße des anderen ein neuer in die Luft austreibt. Wird schon gutgehen.

Letzten Sommer setzte ich eine recht alte Johannisbeere um. Sie stand irgendwo, wo ich sie nicht haben wollte (im Schatten), und ich brachte die Geduld nicht auf, bis zum Winter zu warten. Sie trug bereits blassgrüne Früchte. Die Rettung war abermals Wasser. Unmengen. Täglich. Sie ging nicht ein, ich habe prachtvolle rote Beeren geerntet, Beeren, die nun als Marmelade im Vorratsschrank stehen. Nach der Ernte habe ich den Strauch tüchtig zurückgeschnitten, was ich eigentlich gleich nach dem Umpflanzen hätte tun sollen. Auch das begriff ich: Je weniger Zweige und Laub, desto weniger Wasser braucht der Strauch, wodurch man die Beschädigungen an den Wurzeln kompensiert, denn die müssen nicht so hart arbeiten. Ich habe dabei gelernt, dass die Johannisbeere ein unglaublich zäher Strauch ist. Die kann was vertragen.

So viele Dinge, die sich verändern, bekomme ich mit der Zeit mit. Manches versuche ich zu erklären, und zuweilen beruht diese Erklärung auf dem, was ich und alle anderen von Bäumen und Sträuchern wissen. Wie sie wachsen, wie sie blühen, wie man sie am besten pflegt und behandelt. Winterruhe, Saftströme, Fotosynthese, Leitungsbahnen bestehend aus einem Holzteil (für den aufsteigenden Wassertransport) und einem Bastteil (für den absteigenden Wassertransport). Ein Baum ist ein lebender Organismus: Blätter fallen im Herbst, und im Frühjahr treiben die Bäume wieder aus. Was aber bedeutet »lebend« im Falle eines Baums? Ich habe bei allem, was ich in meinem Garten mitbekomme, nie den Eindruck, dass das Leben meiner Ungarischen Eiche mit meinem Leben vergleichbar wäre. Ich habe auch nicht nächtelang geweint, nachdem ich ihr die untersten Äste abgesägt hatte. (Ein Tipp für Leute, die den Baum im Nachbargarten wirklich weg haben wollen und deren Gespräch mit den Nachbarn nichts gebracht hat: einfach die Leitungsbahnen zerstören. Selbst ein minimaler Einschnitt rund um den Stamm vollbringt wahre Wunder.)

Am 24. Mai 2017 stand in der *Volkskrant* ein Artikel mit dem Titel »Täglich twittern Bäume weltweit über ihre Saftströme«. Sind Bäume etwa so »lebendig«, dass sie twittern können? Aber nein, man hat lediglich Messinstrumente an ihren Stämmen befestigt, und die Menschen, die die Messergebnisse ablesen, twittern daraufhin. »Auch ein Ahornbaum auf dem Universitätsgelände von Gent (395 Follower) und eine Gemeine Kiefer im deutschen Brandenburg (1055 Follower) teilen täglich via Twitter mit, wie viel sie gewachsen sind und wie es um ihre Säfte steht. Heute schließt sich ihnen ein niederländischer Baum an: eine Pappel auf dem Gelände der Universität Wageningen.«

Ich schaue bei Twitter, wie es der Gemeinen Kiefer in Britz, nördlich von Berlin, unweit der polnischen Grenze, geht. Sie ist schwer beschäftigt, jeden Tag gibt es etwas Neues zu berichten. Mittlerweile hat sie schon 1289 Follower. Auffällig ist, dass sie 15 Twitteraccounts verfolgt oder verfolgen kann, darunter natürlich den der Wageninger Pappel (3999 Follower) und des Genter Ahornbaums (584 Follower) sowie einer dortigen Buche (335 Follower), die offensichtlich erst nach dem Erscheinen des *Volkskrant*-Artikels hinzugekommen ist. Die beiden Genter Bäume dürften ruhig einmal etwas für die Maximierung ihrer Follower tun.

Ich kenne jemanden, der dem Twittern der Pappel, Gemeinen Kiefer, Buche und des Ahornbaums bestimmt zujubelt. Peter Wohlleben, bis vor kurzem der Förster von Hümmel, Eifel, Deutschland. Niemand – außer seiner Frau, der Familie und den Bekannten – würde je von Peter Wohlleben gehört haben, hätte er nicht ein Buch geschrieben. Ein Buch, das die Welt im Sturm erobert hat: *Das geheime Leben der Bäume: Was sie fühlen, wie sie kommunizieren – die Entdeckung einer verborgenen Welt.*

Ich hatte meinem niederländischen und meinem deutschen Verlag vorgeschlagen, eine Lesung mit Peter Wohlleben und mir zu organisieren. Ziemlich unvernünftig, denn ich kannte das Buch bis dahin nur vom Hörensagen. Aber meine Meinung stand auch ohne Lektüre fest. Das geht zu weit, das ist nicht richtig. Also habe ich das Buch erst einmal gelesen, in der niederländischen Übersetzung. Und danach, in einem Aufwasch, gleich *Die Intelligenz der Pflanzen* von Stefano Mancuso und Alessandra Viola.

Die erste Schlussfolgerung: Beide Bücher laufen auf dasselbe hinaus, obwohl sich Mancuso und Viola auf Pflanzen aller Art beziehen, während Wohlleben sein Augenmerk ausschließlich auf Bäume richtet, genauer auf Waldbäume. Und gleich vorweg: Neu ist das alles nicht. Es gibt schon ein Buch mit denselben Ideen, nämlich *The Secret Life of Trees* von Colin Tudge aus dem Jahr 2005. Die niederländische Übersetzung von Wohllebens Buch hat komischerweise genau denselben Titel wie die von Tudges *Secret Life*, nämlich *Het verborgen leven van bomen*; im Englischen jedoch heißt das Buch *The Hidden Life of Trees*. Möglicherweise um eine Verwechslung zu vermeiden, was für den niederländischen Markt anscheinend nicht für nötig erachtet wurde.

Geheim oder verborgen, *hidden* oder *secret*, Wohllebens Buch stützt sich erheblich auf Tudges Ansichten, obgleich dessen Name nirgends im Text oder in einer der Anmerkungen auftaucht. Ich erinnere mich noch, wie ich Tudges Buch beiseitegelegt habe, nachdem ich gelesen hatte, dass in Afrika Bäume einander warnen, also kommunizieren, wenn eine Giraffenherde im Anmarsch ist. Auch Umschreibungen wie »sich einen Kampf liefern« fand ich allzu possierlich. Später habe ich es doch wieder zur Hand genommen. Im Laufe der Lektüre wird der Text »normaler«, wird nicht oder kaum noch von den »Sinnen der Bäume« gesprochen.

Meisterhaft ist allerdings seine Definition eines Baums: »Ein Baum ist eine große Pflanze mit einem Pfahl in der Mitte.«

Auch Wohlleben fährt sofort schweres Geschütz auf und redet über Fühlen, Riechen, Sehen und was sonst noch alles. Dann geht er in einen mehr oder weniger »gängigen« Bericht über mit eigenen Beobachtungen aus dem Wald, in dem er gearbeitet hat. Beobachtungen, wie ich sie selbst von meinem Garten zum Besten gebe. Noch eine auffallende Übereinstimmung: Drei Jahre nach Erscheinen von *The Secret Life of Trees* kam Tudge mit dem Buch *Consider the Birds: How They Live and Why They Matter* heraus. Ein Jahr nach *Das geheime Leben der Bäume* veröffentlichte Wohlleben *Das Seelenleben der Tiere. Liebe, Trauer, Mitgefühl – erstaunliche Einblicke in eine verborgene Welt.* Offenbar ist man nach dem Schreiben eines Buchs über das geheime Leben der Bäume dazu imstande, auch die Gefühlswelt von Tieren zu ergründen. Pluspunkt für Tudge: Er ist im Gegensatz zu Wohlleben Zoologe.

Kaum jemand wird den Namen Tudge kennen, ziemlich viele Menschen kennen aber mittlerweile den Namen Wohlleben. Zehn Jahre liegen zwischen dem Erscheinen ihrer Bücher. Offensichtlich ist die Empfänglichkeit für den Inhalt solcher Werke heute viel größer als noch vor einem Jahrzehnt.

DER ANTHROPOMORPHISMUS
VON PETER WOHLLEBEN

»Als ich meine berufliche Laufbahn als Förster begann, kannte ich vom geheimen Leben der Bäume ungefähr so viel wie ein Metzger von den Gefühlen der Tiere.« Schon im Vorwort von *Das geheime Leben der Bäume* ist etwas verquer. Ein Metzger soll nicht wissen oder merken, dass das Tier, das er schlachtet, Angst hat? Todesangst sogar? Dass das Tier – zeitweise – Schmerzen erleiden wird? Ist ein Metzger denn nichts weiter als ein großer gefühlloser Rohling?

Dann folgen einige Kapitel, in denen Wohlleben die Sinne der Bäume beschreibt. Bäume können fühlen, riechen, sehen, kommunizieren (»die Sprache der Bäume«). Bäume sind soziale Wesen, sie verfügen über einen Geschmackssinn und empfinden Schmerzen: »Ob Buchen, Fichten oder Eichen, sie alle merken es schmerzhaft, sobald jemand an ihnen herumknabbert.« (S. 15) »Weil das [Einreißen einer V-förmigen Gabelung, GB] für den Baum sehr schmerzhaft ist, bildet er hier dicke Wülste aus Holz, um ein weiteres Einreißen zu verhindern.« (S. 41) »Schon von Weitem ist die schwarze, verharzte Rinne zu erkennen, die von dem schmerzhaften Prozess kündet.« (S. 46) Und so weiter. Doch wenn Wohlleben beschreibt, welch gute Arbeit Spechte für die Bäume verrichten (S. 54), verliert er kein Wort über den Schmerz, den ihr Hacken dem Baum zufügt. Bäume haben sogar so etwas wie ein Gehirn, angeblich in den Wurzelspitzen. »Gehirn? Ist das nicht ein wenig zu weit hergeholt? Möglicherweise, doch wenn wir wissen, dass Bäume lernen können, mithin also Erfahrungen abspeichern, dann muss es dafür auch einen entsprechenden Ort innerhalb des Organismus geben. Wo er sich befindet, weiß man nicht, doch die Wurzeln wären zu diesem Zweck am besten geeignet.« (S.76) Außerdem geben Bäume Laute von sich: »Tritt starker Durst ein, dann fangen Bäume an zu schreien.« (S. 49)

Auf Seite 63 dann eine Bemerkung, die mir zu denken gibt: »Mein Haar wird ganz oben schütter, wächst nicht mehr so wie in meiner Jugend. Das ist bei den höchsten Kronenästen nicht anders.« Ein Blick auf das Autorenfoto: Wohlleben ist fast glatzköpfig. Daraus schließe ich, dass er ein etwas verzerrtes Selbstbild hat. Und – wie albern diese Beobachtung auch sein mag – wenn er ein verzerrtes Bild von sich selbst hat, vielleicht hat er es dann auch von den Bäumen und dem Wald? Auf Seite 144 noch einmal Schmerzen: »Vorbeischrammende Äste eines fallenden Nachbarn können nun meterlange Wunden reißen. Aua!«

Es würde zu weit führen, hier auf alle Kapitel im Einzelnen einzugehen. Eigentlich macht Wohlleben nichts weiter, als alles Bekannte über Bäume auf völlig eigene Weise zu betrachten und vor allem in einer ganz eigenen Sprache festzuhalten. Am Ende des Buchs stehen 59 Anmerkungen (genau nachgezählt). Das ist sehr wenig für ein Buch mit 216 Seiten, das voll kühner Behauptungen steckt. Ich versündige mich gelegentlich auch, etwa einmal, als ich eine Kolumne über »dumme Bäume« geschrieben habe. Mir war nämlich aufgefallen, dass Rosskastanien dazu neigen, im Frühjahr viel zu zeitig auszuschlagen, weshalb sie wegen des Frosts und des starken Winds oft mit braunem und beschädigtem Laub durch den Sommer kommen müssen, um dann als eine der ersten Baumarten die Blätter fallen zu lassen. Jahr um Jahr das gleiche Spiel: Ende August, und viele Rosskastanien sehen aus, als hätten wir Mitte Oktober. Ich habe sie »dumm« genannt, weil ich zu verstehen meinte, wie das kommt: Sie reagieren im Frühjahr auf Wärme und nicht auf die Menge verfügbaren Lichts. Von irgendetwas lassen sie sich zum Narren halten. Ich glaube immer noch, dass meine Vermutung stimmt. Was aber nicht zutrifft, ist das Wort *dumm*. Menschen können dumm sein, dumme Dinge tun, auch Tiere sind zu dummen Dingen imstande (bei Tieren ist es aber die Frage, ob sie sich dessen bewusst sind. Wenn nicht, fragt es sich, ob sie tatsächlich imstande sind, dumme Dinge zu tun). Ein Baum nicht. Deshalb darf man das auch nicht einfach schreiben.

Im Grunde ist das mein größter Vorbehalt gegen Wohllebens Buch: seine Sprache. Er hantiert mit einer Sprache, die dafür gemacht ist, das Leben von Menschen und vielleicht noch von Tieren zu beschreiben. Hören, fühlen, sehen, riechen. Wir können das, weil wir Ohren haben, wir riechen mit unserer Nase, wir fühlen, also haben wir einen Tastsinn, wir haben Nerven, und wir können sehen, weil wir Augen im Gesicht haben. Eine Sprache, die nicht einfach eins zu eins auf eine völlig andere »Lebensweise« übertragen werden kann. Möchte man wie Wohlleben Bäume beschreiben, sollte man eine neue Sprache erfinden oder so umsichtig schreiben, dass man auf »menschliche« Wörter verzichtet. Man kann nicht von einem Gehirn bei Bäumen reden. Das ist unmöglich. Und sei es nur, weil das Wort *Gehirn* ausschließlich existiert, um das Gehirn eines Menschen oder eines Tieres zu umschreiben, den Teil des zentralen Nervensystems, der sich im Kopf befindet. Pflanzen haben keine Nerven. So einfach ist das. Wohlleben kann nicht einfach schreiben, dass ein Baum Schmerz empfindet, denn: Schmerz ist etwas anderes, als gereizt oder ramponiert zu sein. Nicht eine der 59 Anmerkungen verweist auf eine Schmerzstudie bei Bäumen. Logisch, die gibt es nämlich nicht. Übrigens nicht einmal schreibt er, dass Bäume weinen können. Wäre Weinen nicht die angemessene Reaktion auf Schmerz? Aber nein, das ginge zu weit. Echte Bäume weinen nicht.

Oder, und das kann ich nicht ausschließen, es gibt eine Dimension, die wir (noch) nicht kennen, Dinge um uns herum, von denen wir keine Ahnung haben. Vielleicht existieren außerirdische Wesen, die den Schmerz nicht so empfinden wie wir. Das könnte doch sein. Wir wissen es nur nicht. Vielleicht fühlen Bäume ja auf ihre eigene Weise Schmerz, einen Schmerz, von dem wir keinen blassen Schimmer haben. Peter Wohlleben ist uns womöglich einen Schritt voraus, vielleicht sieht er etwas vorher, was erst in 50 oder 100 Jahren bewiesen werden wird. Aber bis dahin kommt mir sein Buch wie ein Märchen vor, ein Science-Fiction-Roman. Es gibt keinerlei Beweise.

Viel wichtiger erscheint mir allerdings die Frage, warum der Förster aus der Eifel dieses Buch überhaupt geschrieben hat. Was bezweckt er damit? Die Antwort findet sich im letzten Kapitel. »[…] ich begrüße das Einreißen der moralischen Grenzen zwischen Tieren und Pflanzen durchaus. Wenn die Fähigkeiten der Vegetation bekannt und ihr Gefühlsleben und ihre Bedürfnisse anerkannt sind, dann sollte sich schrittweise auch unser Umgang mit Pflanzen ändern.« (S. 217) Ich glaube, er will einfach keine Bäume mehr fällen, und es bereitet ihm großen Kummer, dass er es in der Vergangenheit doch getan hat. Er ist bekehrter Fleischesser; jemand, dem bewusst ist, dass Tieren Leid angetan wird, jemand, der durch den Verzicht auf Koteletts und Steaks jedes Jahr bestimmt einem Schwein und einer Kuh das Leben rettet. Daran ist nichts auszusetzen: »Wälder sind nicht hauptsächlich Holzfabriken und Rohstofflager und nur nebenbei komplexe Lebensräume für Tausende von Arten, wie es die aktuelle Forstwirtschaft praktiziert. Ganz im Gegenteil. Denn immer dann, wenn sie sich artgerecht entfalten können, bieten sie besonders gut Funktionen, die in vielen Waldgesetzen juristisch über die Holzerzeugung gestellt werden: Schutz und Erholung.« (S. 217) Wohlleben hat eine Mission: den Schutz des geheimen Lebens der Wälder, damit »auch unsere Nachfahren noch staunend zwischen den Bäumen spazieren können« (S. 218). Daran ist ebenfalls nichts auszusetzen. Aber dieses Ziel lässt sich auch auf andere Weise erreichen. *Das geheime Leben der Bäume* ist ein vollkommen anthropomorphisches Buch. Pflanzen werden menschliche Eigenschaften und Werturteile zugesprochen. »Die moderne Wissenschaft geht meist davon aus, dass diese Art zu denken falsch ist«, berichtet der niederländische Wikipedia-Eintrag.

Um einen Bezug zu den Bergen aus einem früheren Kapitel herzustellen, noch eine Äußerung. »Der unnahbare Mount Everest« ist Blödsinn, weil man ein Mensch sein muss, um unnahbar sein zu können. Aber laut Wohlleben ist es arrogant, so etwas zu behaupten. Denn damit würden wir uns über die Bäume stellen. Seiner Meinung nach sollten wir uns höchstens ebenbürtig fühlen.

Noch etwas stört mich an dem Buch. Ich muss wieder an die Frau denken, die in Amsterdam Baumpfleger beschimpfte. Das war kurz nachdem ich, etwa 2001, auf eine der Oostelijke Haveneilanden gezogen war. Die Weidenbäume entlang des Wassers, die beim Bau der Inseln verschont worden waren, hatten die Wasserzeichenkrankheit. Eine bakterielle Krankheit, die vor allem Weiden befällt. Baumpfleger wollten die Bäume retten, indem sie sie drastisch zurückschnitten. Denn nur so hatten sie eine Überlebenschance. Da kam eine Frau mit Melone auf dem Kopf wütend über den Platz gestürmt – ich erinnere mich gut an diesen Hut, diesen sehr künstlerischen Hut – und keifte die Baumpfleger fürchterlich an. Warum sie die Bäume nur so misshandelten?! Sofort aufhören! Sie wedelte wild mit den Armen. Die Baumpfleger arbeiteten natürlich unbeirrt weiter. Seitdem werden die Weiden alle paar Jahre gekappt und sind kerngesund. Dumme Frau. Verblendet vom Wunsch oder dem Bedürfnis, Bäume zu »retten«, aber von Tuten und Blasen keine Ahnung.

Wohllebens Buch wird dafür sorgen, dass Menschen, die dafür empfänglich sind, noch mehr Bäume retten wollen, als es bereits der Fall ist, aber jetzt mit dem Argument, dass den Bäumen Unrecht angetan wird und sie sogar Qualen leiden. Vielleicht werden solche Leute nicht einmal mehr die Schnittbohnen in ihrem Gemüsegarten abschneiden und essen, weil es der Pflanze weh tut (irgendwo in dem Buch steht noch, dass eine Grasfläche es überhaupt nicht mag, gemäht zu werden). Und wo landen wir dann? Wenn man schon kein Fleisch und Gemüse mehr essen darf? Bei dieser Leichtigkeit, mit der Menschen Menschen einfach nicht als Natur betrachten, als lebende Wesen, die sich ernähren müssen, bei der Leichtigkeit, mit der solche Menschen Tierwohl und Baumwohl über ihr eigenes Wohl stellen. Beim Mangel an Mitleid mit der eigenen Art.

Für Leser, die sich selbst ein Bild von dem Menschen Peter Wohlleben machen wollen, gibt es die Möglichkeit, nach Hümmel zu fahren: »Erleben Sie einen unvergesslichen Tag im Wald und erfahren Sie bei einer sechsstündigen Wanderung mehr über die Geheimnisse unserer Wälder. [...] Den Tag werden Sie gemeinsam mit Peter Wohlleben am Lagerfeuer ausklingen lassen und in uriger Atmosphäre ein besonderes Abendessen genießen.« Der Preis für einen Tag in der freien Natur beträgt 249 Euro. Ich persönlich finde, das ist eine horrende Summe für eine Runde durch den Wald und ein Gespräch am Lagerfeuer, selbst wenn es ein Gespräch mit Deutschlands berühmtestem Förster ist.

Zum Schluss: Wollen wir wirklich, dass die moralischen Grenzen zwischen Pflanzen und Tieren niedergerissen werden? Wie sähe eine Welt aus, in der Pflanzen und Tiere (einschließlich des Menschen) gleichgestellt sind? Was bedeutet das eigentlich? Ein Niederreißen der moralischen Grenzen zwischen dem *Quercus frainetto* im Garten und mir? Wie soll ich mich einem Schneeglöckchen oder einer Eichenblättrigen Hortensie gegenüber verhalten, als wären wir ebenbürtig?

SO LAUFEN DIE DINGE
Ulmen

Ich bin eine Weile nicht in der Eifel gewesen und bemühe mich, den Rasen (»*Wiese!*«, höre ich Nachbar Klaus sagen) aus meinem Kopf zu verbannen und das Unkraut zwischen den frisch gepflanzten Ziergräsern und dem Günsel zu vergessen. Ich war in Wales und in Amsterdam und in Zeeland. Was ich in Amsterdam gemacht habe, weiß ich nicht mehr genau. In Wales aber habe ich drei Berge bezwungen, und in Zeeland – ich wollte zum *Zeeuws Nazomerfestival* – tauchten plötzlich zwei Ulmen vor mir auf. Über diese beiden Ulmen möchte ich schreiben. Wir fuhren mit dem Auto zum Städtchen Sas van Gent. Ich rief: »Halt! Zwei Ulmen!« Das würde ich in einem nordholländischen Polder niemals rufen, dort stehen sie überall. Zeeland aber ist das Land der Pappeln und Ebereschen. Diese Feststellung konnte ich jedoch erst treffen, nachdem ich die beiden einsamen Ulmen entdeckt hatte. Sie standen sich an der Straße wie zwei Torwächter gegenüber.

Amsterdam ist die Ulmenhauptstadt der Welt. Dort wachsen ungefähr 75 000 Stück. Dieses Jahr aber sind sie auffallend kümmerlich. Auch während meines kurzen Besuchs bei meinen Eltern in Wieringerwaard sah ich nur mickrige Ulmen, die die langen, geraden Straßen säumten. Die Leute machten sich Sorgen oder fragten sich, was in Gottes Namen mit den Bäumen los sei. Sie haben geblüht. Ganz einfach. Und nicht zu wenig, nein, ungestüm. Eine Ulme »beschließt« nämlich im Sommer, ob ihre Knospen im nächsten Frühjahr Blatt- oder Blütenknospen werden. Wahrscheinlich hängt das vom Wetter ab. Die Blüte des letzten Frühlings stand also schon im Sommer des vorherigen Jahres fest. Die

Ulme hatte sich »entschieden« zu blühen, und das bedeutet nun einmal weniger Blattknospen. (»Anlage« heißt das in der Baumwelt, eine Knospe legt Blatt- oder Blütenknospen an.) Ich habe »beschließen« und »entscheiden« in Gänsefüßchen gesetzt, weil das etwas ist, das Menschen mit Gehirn und Verstand tun. Und aus Bequemlichkeit, und auch weil es keine adäquate Sprache dafür gibt, wie sich die Prozesse bei Bäumen vollziehen, habe ich die beiden Verben benutzt.

Deshalb stehen die Ulmen also kümmerlich da. Meist erholen sich die Bäume im Laufe des Sommers, doch mir sind diesmal recht viele aufgefallen, die schlecht aussahen. Aber krank sind sie nicht. Sie überspringen einfach ein Jahr, und offensichtlich gelingt es ihnen ja, mit ihrer spärlichen Blätterkrone eine ausreichende Fotosynthese zu betreiben, damit sie den Sommer überstehen. Bestimmt waren sie auch »froh« über den nassen Juli und den kühlen August. Nächstes Jahr sehen sie gewiss wieder ein Stück besser aus.

Die beiden Ulmen in Zeeland waren mit ihrer vollen Blätterkrone übrigens picobello in Schuss. Anscheinend hatten sie vergangenen Sommer nicht »beschlossen«, ungestüm zu blühen. Vielleicht hatten ihre Cousins und Cousinen im Land ihnen nicht rechtzeitig Bescheid gegeben …

Eine Stunde nachdem ich diese Kolumne geschrieben hatte, radelte ich durch die Stadt. Natürlich galt den Ulmen meine besondere Aufmerksamkeit, weil sie mich gerade beschäftigten. Ich traf auf gute und schlechte Ulmen. Wie kam das nur? Irgendetwas an der Kolumne konnte nicht stimmen, sie war nicht präzise genug. Die überwiegend Holländischen Ulmen an den Grachten, in welcher Varietät auch immer (es gibt in der Hauptstadt um die 30 verschiedene Ulmenarten, bei einigen ist nicht einmal bekannt, um welche Varietät es sich handelt), sind mickrig. Die »neueren«

Arten, oft wegen ihrer Resistenz gegen die Ulmenkrankheit gepflanzt, scheinen in guter Verfassung zu sein. Oft sind das die Ulmen, die kerzengerade in die Höhe wachsen – Hans Kaljee, städtischer Baumberater, nannte sie einmal »Ästebesen« –, während die »alten« Ulmen entlang der Grachten breit aufsteigende Exemplare sind, mit dicken Ästen, die seitlich austreiben. Übrigens ist kaum eine Ulme älter als 120 Jahre.

Meine Lieblingsulme ist eine »wilde« an der Ecke Panamalaan/Zeeburgerdijk. Wild heißt, sie wurde nicht gepflanzt, sondern ist einfach dort gewachsen und nie entfernt worden. Sie hatte natürlich das Glück, dass niemand auf die Idee gekommen ist, an dieser Stelle ein Wohnhaus oder ein Bürogebäude zu errichten. Die Krone fächert sich enorm auf, es ist ein gigantischer Baum. Seit kurzem stützt eine Metallstange einen niedrigen, sehr dicken Seitenast. Höchstwahrscheinlich ist sie die älteste Ulme in Amsterdam, mit einem Stammumfang von knapp fünf Metern. Auch bei dieser Ulme steht die Varietät nicht fest. Im *Het Amsterdamse bomenboek* heißt es, dass sie »wahrscheinlich eine Holländische Ulme« ist (S. 149). Eine Holländische Ulme ist immer die Hybride einer Iper (*Ulmus minor*) und einer Bergulme (*Ulmus glabra*). Ich hingegen glaube, es ist eine Iper oder auch Feldulme, also eine *Ulmus minor*, aber eine gekreuzte Art. Das schließe ich aus der Blattform und dem Erscheinungsbild des Baumes in seiner Gänze. Ich kann vermelden – weil ich extra kurz hingeradelt bin –, dass sie momentan prachtvoll aussieht, sie hat wohl nur spärlich geblüht. Und gerade dieser Umstand, dass ausgerechnet dieser Baum voll im Blatt steht, während die Holländischen Ulmen alle armselig aussehen, ist der dritte, vielleicht sogar der überzeugendste Hinweis, dass sie eine andere Art ist, als *Het Amsterdamse bomenboek* es vorschlägt.

Noch etwas aus der Rubrik So-laufen-die-Dinge: Kollegin Pauline Slot hat mir das Foto eines Büchertischs in der Buchhandlung Raabe in Gerolstein geschickt. Pauline weiß, dass ich an diesem Buch sitze, Pauline weiß von Peter Wohlleben. Ihr Kommentar zum Foto: »Was Pflanzen wissen: Nix.« Das Bild zeigt eine schöne Auswahl an Wald- und Pflanzenbüchern. Unter anderem *Was Pflanzen wissen – wie sie hören, schmecken und sich erinnern* von Daniel Chamovitz. Schmecken? Warte mal, vielleicht bedeutet *schmecken* im Deutschen ja nicht nur »schmecken«, sondern auch so etwas wie »kosten«. Sonst wäre das ein komischer, für empfindliche Menschen sehr unangenehmer Untertitel. (Es stimmt, *schmecken* bedeutet sowohl »schmecken« als auch »kosten«.) Und daneben: *Der Ruf der Stille. Die Geschichte eines Mannes, der 27 Jahre in den Wäldern verschwand* von Michael Finkel. Das ist das normalste Buch auf dem Tisch – auch wenn es etwas seltsam klingt, dass jemand 27 Jahre in einem Wald verschwinden kann. Außerdem – der Einband noch grüner als der von Finkels Buch: *Der Gesang der Bäume. Die verborgenen Netzwerke der Natur* von David G. Haskell. Damit haben wir vermutlich den Höhepunkt erreicht: singende Bäume. Aber das wusste doch Trygve Emanuel Gulbranssen schon, weshalb er dem ersten Teil der *Björndal-Trilogie* den Titel *Und ewig singen die Wälder* gab. Das Buch ist 1933 erschienen. Er war früh dran.

RENN UM DEIN LEBEN

Aus dem Zugfenster sehe ich eine Schar Blesshühner. Auf einem umgepflügten Feld. Ungefähr bei Heerhugowaard. Regnerisches Wetter. Eines läuft schnell. An der Seite der großen Schar. Dann erkenne ich, dass der Läufer ein Teichhuhn ist. Ein Teichhuhn in einem Meer von Blesshühnern? Sie sind unterwegs zu einem breiten Wassergraben, der zwischen dem umgepflügten Feld und dem Bahndamm liegt. Ich kann das Teichhuhn gut verstehen. Teichhühner sind schüchterne, verschämte Vögel. Einmal, in einem strengen Winter, lebten ein paar von ihnen im Garten meiner Eltern. Sie kletterten ab und zu zur Futterstation hoch, versuchten sich als Kohlmeisen zu tarnen und pickten mit hochgezogenen Schultern – so als wollten sie sich klein und unsichtbar machen – bei den anderen mit. Blesshühner hingegen sind aggressive, revierbewusste Vögel, denen es sogar gelingt – meist mit Riesenradau –, viel größere Enten zu verjagen. Das eine Teichhuhn eben rannte um sein Leben.

WALD

Bis ich 18 war, habe ich immer freie Sicht gehabt. Der Wieringerwaard ist seit jeher ein Viehzucht-Polder, in den sich ab und zu ein Ackerbauer verirrt. Weiden, Wassergräben, lange, gerade Wege, die von kerzengerade wachsenden Ulmen gesäumt werden, zu allen Seiten umgeben von Deichen mit einfachen Namen: Oosterdijk, Noorderdijk und so weiter. Himmel, unglaublich viel Himmel. Weite. Und obwohl diese Weite mir manchmal die Gurgel zugeschnürt hat, besonders in sternbesäten Nächten, in denen ich so lange gezwungen war, über die Unendlichkeit nachzudenken, bis mir schwindlig wurde, konnte ich wenig daran ändern. Dort wohnte ich, oder besser: Dort stand der Bauernhof meines Vaters, in dem ich zur Welt gekommen bin. Ist man drei oder elf, hat man keine Wahl: Man geht nicht fort, wenn es einem nicht gefällt.

Mir hat es gefallen. Ich habe ein Schwarz-Weiß-Foto von meinen Eltern, ein paar Brüdern und mir, wie wir über das Land spazieren. Meine Mutter hat nasses Haar, sie wird gerade geduscht haben, es ist Abend, vermutlich ein Samstagabend, ein Sommerabend. Es ist eines meiner Lieblingsfotos. Weiden, Kühe und Schafe, Pultstock, Wiesenschaumkraut, Disteln, die man noch mit einer altmodischen Holzdistelzange entfernt hat, die Bosman-Mühle an der Oostpettemervaart. Wolken und Regen und im Februar 1979 meterhohe Schneedünen, Schnee, der von einem starken Ostwind über das Flachland gefegt wurde, bis er auf ein Hindernis stieß. Hindernisse, das waren Häuser, Scheunen, Gatter und Bäume. Meist wehte der Wind aber aus Westen, die Kronen der Ulmen neigten sich alle Richtung Osten. Manchmal fielen sie um und rissen die Stromleitungen mit sich, die – darüber

69

hatte sich wohl niemand Gedanken gemacht – an der falschen Seite der Bäume entlangliefen.

Mit 18 hat es mich dann fortgezogen. In die Städte. Erst nach Leeuwarden, dann Amsterdam. Ich kam nur selten in einen Wald. Aber das war nicht schlimm, denn ich konnte Wälder nicht ausstehen. »Den Wald vor lauter Bäumen nicht sehen« empfand ich als eine lächerliche und unbegreifliche Redensart, denn mir fiel es schwer, die Bäume vor lauter Wald zu sehen. Einen einzeln stehenden Baum fand und finde ich prachtvoll, das habe ich sicher meinen Urlaubsreisen in den Osten des Landes und nach England zu verdanken. Die mächtigen Eichen, oftmals gezeichnet von den Naturgewalten, die trotzdem tapfer weiterwachsen. (Das geht nicht, ich weiß es: Ein Baum kann nicht tapfer sein.) Ein Freund meines Vaters, Onkel Eef, hat jahrelang versucht, ein paar Bäume auf seinem Land anzupflanzen. Das schien ihm eine gute Idee, vielleicht hatte er das Bedürfnis, die Monotonie des flachen Landes zu durchbrechen. Oder er hatte wie ich im Urlaub einzeln stehende Bäume entdeckt und wollte einen Schattenplatz für seine Kühe schaffen. Aber es gelang ihm nicht; der Wind war zu stark, die Schafe fraßen die Rinde an – die dummen Tiere konnten nicht vorausdenken und vernichteten so den einzigen Schutz vor der Sonne. Deshalb war die Bosman-Mühle weiter hinten auf unserem Land auch so schön: Es war ein Kunst-Werk, ein Lebenszeichen mitten im Nirgendwo, eine Bake im Flachland. Sie hätte ein Baum sein können, ein Baum, der, gerade weil er allein steht, Bedeutung bekommt, der die Blicke auf sich zieht. Im Wald zieht kein einziger Baum die Blicke auf sich.

Wohlleben schreibt in seinem Buch fast ausschließlich vom Wald, über die Bäume in seinem Wald. Nur wenig weiß er über einzelne Bäume zu berichten, allein, dass sie bedauernswerte Bäume seien, denen die Hilfe, die Zusammenarbeit und die sozialen Kontakte zu den anderen Bäumen fehlten, dazu verdammt, vorzeitig zu sterben. Was er jedoch für sich behält, ist, dass seine Beobachtungen über Waldbäume fast nie auf Solitäre oder Stadtbäume zutreffen.

Einmal wollte ich mit einem Freund den West Highland Way in Schottland entlangwandern. Tapfer hatte ich der Flugreise nach Glasgow zugestimmt (ich kann tapfer sein, ich bin ein Mensch), musste aber, wie gewöhnlich, am Abend vor der Abreise schwitzend vor Angst und Elend absagen. Das fand der Freund begreiflicherweise nicht nett, er arbeitet bei einer Zeitung und hatte extra eine Woche freigenommen. Zur Strafe musste ich schnellstens eine alternative Wandertour planen und zwei Zugtickets kaufen.

Irgendwie kam ich auf den Rothaarsteig, 154 Kilometer quer durchs Sauerland. Vielleicht lag es an der hastigen Planung, jedenfalls fiel mir nicht auf, dass es dort sehr waldig ist, oder es wurde nirgends erwähnt. Wie auch immer: Von den 154 Kilometern geht man ungefähr 140 Kilometer durch den Wald. Ich bin fast verrückt geworden. Es war stinklangweilig. Wald, Wald und noch mal Wald. Hinzu kam, dass es mir erbärmlich ging, weil ich die schottische Bergwanderung abgeblasen hatte. Immerzu sah ich Berge vor mir und die prächtige Aussicht von ihren Gipfeln, und ich hatte Gewissensbisse, weil der Freund gerade etwas völlig anderes machte, als er eigentlich geplant hatte. Lief ich vorneweg, hatte er es sich außerdem angewöhnt, immer 20 Zentimeter hinter mir zu gehen – manchmal spürte ich seinen warmen Atem im Nacken –, wodurch er mir das Gefühl gab, viel zu langsam zu sein. Ständig rief ich ärgerlich: »Dann geh doch vorbei.« Und danach fühlte ich mich noch mieser, weil ich so verärgert war. Denn: Das war ja alles meine Schuld. Und dann noch dieser Wald, der sich in meinen Augen nie veränderte, immer gleich blieb. Es war eine schreckliche Woche. Mir war unbegreiflich, dass irgendjemand diesen Rothaarsteig freiwillig entlangging. Keine Aussichten, nirgends. Nur Bäume und hinter den Bäumen noch mehr Bäume. Ich sah rein gar nichts! Was für ein Scheißurlaub!

Damals wurde mir klar, dass es etwas mit meinem Heimatboden zu tun haben musste und mit mir auf diesem Heimatboden. Ich im Wind, auf den langen, geraden Straßen, auf denen ich den Überblick hatte, wo ich atmen konnte, wo es Himmel gab, Wolken, Vögel, Kühe. Es hatte mit all dem zu tun, woran ich gewöhnt war. Mit meinen Empfindungen.

Vermutlich muss man eine andere Landschaft erst schätzen lernen und sich dem, was man nicht gewohnt ist, nicht krampfhaft widersetzen. In dieser Hinsicht war die Woche im Sauerland allerdings wenig hilfreich: Ich triefte förmlich vor negativen Emotionen, und die projizierte ich auf die abertausende von Bäumen, an denen ich vorbeikam.

Der Robbenoordbos im Wieringermeer war früher in meinem Leben auch nicht gerade hilfreich. Was für ein Durcheinander dort herrschte, trotz des Rechtwinkeligen, trotz des überdeutlich Angelegten. Dazu war der Wald noch sehr jung, denn der Wieringermeer-Polder entstand 1930 und 1945 ein zweites Mal, weil die Deutschen ihn geflutet hatten und das große Trockenfallen erneut beginnen musste. Was war ich froh – bei unserem einzigen Familienausflug dorthin –, als wir zurück am Waldrand waren. Endlich konnte ich wieder etwas sehen, fand sogar schön, was ich sah, obwohl ich die Strenge des Wieringermeer-Polders nie gemocht habe. Ich fühlte mich dort verloren. Land kann zu neu sein, eine Gegend ist nicht wie die andere, und im Gegensatz zum Wieringerwaard ist der Wieringermeer ein Landbaupolder. Keine Kuh, kein Schaf, nichts. Im Wieringermeer konnte es nie und nimmer *gemütlich* sein. Deshalb reagiere ich – immer noch – ziemlich giftig, wenn irgendwo steht, ich sei in Wieringermeer geboren, wie im Autorenlexikon Steinz – *Gids voor de wereldliteratuur in 416 schrijvers* von Pieter und Jet Steinz.

Jahre später brachte mich doch noch ein Flugzeug nach Glasgow. Ich wollte den West Highland Way laufen, dieses Mal mit jemand anderem. Hochland. Berge. Von Süd nach Nord, denn so kann sich der Wanderer schon einmal daran gewöhnen, bevor es richtig beschwerlich wird. Drei Tage, am Loch Lomond entlang, durch dichten Wald. Ich bin selten so enttäuscht gewesen.

Hier in der Eifel habe ich meine Meinung geändert. Endlich war die Zeit reif für eine Neubewertung dieser Art Natur. Das ging ganz allmählich vonstatten. Ich bin nicht vorsätzlich Stunden, Tage, Wochen durch die Wälder spaziert. Jasper war der Katalysator. Für den Hund musste ich laufen, und wenn man hier läuft, dann durch den Wald. Man muss auch auf und ab, da gibt es bei all den Hügeln kein Entkommen. (Meine Eltern waren hier. Sie hatten die Nordic-Walking-Stöcke dabei. »Aber bitte ein flaches Stück, Gerb«, sagte meine Mutter. »Strengt euch an«, antwortete ich. »Komm, wir gehen zurück«, sagte mein Vater nach 500 Metern.)

Tagein, tagaus im Wald. Zu jeder Jahreszeit. Ich habe alles Mögliche entdeckt. Zum Beispiel, dass man in einem Wald bei einer bestimmten Art von Regen kein bisschen nass wird. Schnee macht die Welt sowieso schon sanfter, aber Schnee in einem Wald ist stiller als still, nur dann nicht, wenn ein dicker Tannenast unter dem Gewicht des Schnees abbricht. Wald kann sehr vielfältig sein, Fichten wechseln sich mit Buchen oder Eichen ab, und dann steht man plötzlich vor einer Kiefer. Kiefern kommen nur spärlich vor. Es gibt gerade Wege und Schlängelpfade. Hügelige und flache Wege, weiche und harte Wege. Und großartige Aussichten, Durchblicken gleich, die man ohne hunderte Bäume nicht hätte, das Wort Durchblick existiert nicht umsonst. Der Durchgang jedoch wird von der Nims oder einem anderen Bach oder einer umgefallenen Buche immer wieder versperrt.

Als ich endlich den Widerstand aufgegeben hatte, fiel mir auf, wie beruhigend Wälder wirken können. Still. Kühl. Ein Wald ist der ideale Ort, um die Gedanken achtlos schweifen zu lassen. Dass man geistesabwesend ist, vielleicht schon über eine halbe Stunde, bemerkt man erst, wenn ein Hirsch wegspringt oder ein Reh, oder ein Specht auffliegt. Ich war manchmal sogar so geistesabwesend, dass ich, wenn Jasper verschwunden war – und Jasper war häufig verschwunden –, nicht sofort umkehrte und nach Hause lief. Ich ging einfach weiter. Geistesabwesend oder nicht. Manchmal kamen wir gleichzeitig zu Hause an, dann war es so, als hätte er mich doch im Auge behalten und wäre mit mir, mich umkreisend, mitgegangen. Häufiger aber dauerte es ein paar Stunden, bis er vor der Tür stand. Während und nach solchen gedankenlosen Spaziergängen formulierten sich die Kolumnen für *Trouw* oder die Internetbeiträge für *De Groene Amsterdammer* fast wie von selbst. Dafür sollte ich dem Wald dankbar sein.

Vielleicht kommt meine Wandlung auch daher, dass ich selbst ein Stückchen Wald, wenn auch nur von sehr bescheidener Größe, besitze. Mein Wald, für den ich irgendwie verantwortlich bin. Viel mache ich nicht, ich habe vor ein paar Jahren ein paar junge Buchen gefällt, um der Ulme und der Edelkastanie, beide von mir gepflanzt, eine Chance zu geben. Genau wie in Zeeland gibt es hier fast keine Ulmen. Mein eigener Wald ist im März am schönsten. Bei Sonnenschein. Wie das Licht dann auf den Waldboden fällt, während mein Blick auf das Dach meines ein ganzes Stück niedriger gelegenen Hauses gerichtet ist und auf den »japanischen« Garten, der inzwischen dahinter entstanden ist.

Nach einer Weile habe ich entdeckt, dass ein Wald auch ein kostenloses Gartencenter sein kann. Ich hole mir von dort kleine Fichten, Mini-Ebereschen, Haselsträucher, Ginsterbüsche. Manchmal komme ich mit einem Fichtenstamm nach Hause, den ich mehrere Kilometer mal auf der einen, mal auf der anderen

Schulter getragen habe, oder mit langen, verdorrten Ästen, mit denen ich alles Mögliche im Garten baue. Ich möchte Farn in meinem Wald anpflanzen, auch den werde ich mir irgendwoher holen. Ich finde, ein Wald ohne Farnwedel ist kein richtiger Wald. Bislang ist das nicht gutgegangen, mein Wald ist etwas zu trocken für Farn, vermutlich auch etwas zu steil. Aber ich gebe nicht auf.

Die weitaus wichtigste Entdeckung aber waren die Gartenabfallplätze. Jeder wirft das, was im Garten übrig bleibt, in den Wald. Vermutlich ist das illegal, tragisch ist es aber nicht: Grün ist Grün. Was ich nicht schon alles auf solchen Abfallhaufen gefunden habe. Unmengen Schneeglöckchen, Immergrün, Fetthennen, Primeln, ein Tränendes Herz (*Dicentra spectabilis*), lila Astern, eine Yucca, Tulpen und Narzissen.

Ich versuche den breiten Streifen hinter meinem Haus, der sehr steil ist, nahtlos in den Wald übergehen zu lassen. Oder umgekehrt: Kommt man oben von der Weide und steigt weiter ab, hinein in meinen Wald, gelangt man nach und nach in einen angelegten Garten.

In einem Zeitungsbericht habe ich über verschiedene Studien gelesen, die besagen, dass Wald gut für den Menschen ist. Der Titel lautete: »Die Natur ist besser für die Gesundheit als das Gesundheitssystem.« »Wenn man krank ist, rettet die Natur mehr Leben, ist besser für die Gesundheit und heilsamer als das gesamte Gesundheitssystem.« Das ist ein Zitat von Jonathan Patz, Direktor des Global Health Institute. Das muss man natürlich etwas nuancieren. Ein Waldspaziergang wird niemanden von Krebs kurieren oder von ALS, ein gebrochenes Bein heilen (ein Spaziergang wäre sowieso unmöglich) oder eine Schuppenflechte beseitigen. Wald kommt vor allem der geistigen Gesundheit zugute. Zeit in der Natur zu verbringen, vermindert Stress, lindert Depressionen, stärkt die Konzentrationsfähigkeit, verbessert das Kurzzeitgedächtnis. Es scheint sogar Wut zu besänftigen. Hat man etwas Zeit übrig, sollte man besser eine Runde im Wald drehen als bis zehn zählen.

Man sollte allerdings gut überlegen, wo man spazieren geht. Peter Wohlleben (langsam glaube ich, dieses ganze Buch handelt nur von ihm) schreibt, dass sich Spaziergänger wesentlich besser fühlen, wenn sie durch einen Laubwald laufen, als durch einen Nadelwald. Da muss ich ihm Recht geben, obwohl ein Nadelwald für die Streithähne unter uns deutlich zweckmäßiger ist als ein Laubwald. Im Zwielicht, mäuschenstill, über einen dicken, uralten Teppich aus Tannennadeln zu gehen, ist mystisch. Ein Nadelwald ist zweifellos viel gruseliger als ein Wald voller Buchen, Ahornbäume und Eichen.

FLÜGELNUSSBAUMWALD

Warum stehen in Wäldern eigentlich fast immer die gleichen Bäume? Warum gibt es keine Ulmen- oder Eschenwälder? Natürlich würden die Leute auf eine solche Frage antworten: »Ulmen sind doch typische Grachten- oder Straßenbäume.« Aber auch Eichen gedeihen als Solitär besser, man denke nur an die Prachtexemplare in England. Eine Eiche will sich ausbreiten, und dafür bietet der Wald ihr nicht genügend Platz. Und weil in den Niederlanden alle Wälder angepflanzt wurden – nicht mal ein winziges Stückchen Urwald gibt es noch –, könnte man doch einmal andere Bäume als Buchen, Eichen, Fichten oder Tannen kultivieren. Einen Walnusswald! Einen Edelkastanienwald! 1750 waren zwei Prozent (50 000 Hektar) der Gesamtfläche der Niederlande bewaldet. Anfang des 21. Jahrhunderts waren es 10,6 Prozent (360 000 Hektar). Angestrebt werden 500 000 Hektar Wald. Ich werde zum besseren Verständnis nicht vorrechnen, wie viele Fußballfelder das sind, denn Fußballfelder sind keinen Hektar, aber – abhängig von kleinen Schwankungen in Länge und Breite – zwischen 6400 und 7140 Quadratmeter groß.

Noch jede Menge Neubepflanzungen sind also möglich, auch mit anderen Baumarten, so etwas habe ich selbst gesehen, als ich den GR 20 auf Korsika gelaufen bin. Überall Korkeichen und Walnussbäume. Das schafft sofort eine völlig andere Atmosphäre als tausende nebeneinanderstehende Fichten. Der Lichteinfall ist anders. Tiere fühlen sich in und unter den Walnussbäumen wohl. Es klingt auch anders. Oder ein Wald aus Kaukasischen Flügelnussbäumen, das wäre wunderschön. Man müsste nur achtgeben und die Pflanzen zehn, fünfzehn Meter voneinander entfernt setzen. Ein Wald wird in den Niederlanden nämlich nicht nach der Anzahl der Bäume pro Oberfläche definiert. Im Waldgesetz steht, dass ein Wald »mindestens 1000 Quadratmeter (zehn Ar) umfassen muss«. Streng genommen kann ein Stück Land von 20 mal 50 Metern mit fünf Bäumen drauf also schon als Wald durchgehen. Schön wäre es auch zu erfahren, welche Tierarten sich in so einem Flügelnussbaumwald ansiedeln würden und welches Unterholz sich entwickelt. Ich bin dafür. Doch sollte es jemand besser wissen, ich meine, sollte jemand mir erklären können, dass es aus irgendwelchen Gründen unmöglich ist, wäre ich nicht untröstlich.

Wegen des Eschentriebsterbens wäre ein Eschenwald aber momentan keine allzu gute Idee. Diese Baumkrankheit – verursacht durch einen invasiven exotischen Schimmelpilz – ist in den Niederlanden seit 2010 bekannt, aber in letzter Zeit werden die Folgen immer deutlicher. Plötzlich redet man davon, Forstämter reagieren panisch. An Weihnachten bin ich mit einem Teil meiner Familie wieder einmal durch den Robbenoordbos spaziert. Ehrlich gesagt: Es war halb so schlimm wie befürchtet, vielleicht wegen meiner frisch erworbenen Wertschätzung für den Wald. Neuerdings gibt es dort sogar einen Naturcampingplatz, der selbst im bleichen Dezemberlicht ganz nett aussah. Eine Sache fiel mir auf: Alle Eschen waren gefällt worden. Alle, auch die dicken, die gewiss 50 Jahre alt gewesen waren. Natürlich leuchtet mir das ein, es geht schließlich um die Sicherheit der Spaziergänger und um die Angst der Forstverwaltung vor eventuellen Schadenersatzforderungen. Aber warum gleich so radikal? Immerhin ist bislang nicht einmal geklärt, was die Krankheit auf Dauer mit den Eschen anstellt. Inzwischen weiß man sogar, dass ausgewachsene Bäume nicht an ihr sterben. Die Bäume haben also nicht einmal die Gelegenheit bekommen, selbst mit einer Antwort auf die Krankheit aufzuwarten oder eine Resistenz zu entwickeln. Vor Jahren waren alle, die etwas von

Bäumen verstehen, wegen der Kastanienminiermotte in heller Aufregung. Alle waren der Meinung, die Kastanien würden daran zugrunde gehen. Inzwischen sind 15 Jahre vergangen, und es gibt immer noch unglaublich viele Kastanienbäume. Jedenfalls sind sie nicht innerhalb kürzester Zeit eingegangen, und glücklicherweise hat man sie damals auch nicht gleich massenhaft gefällt. Vermutlich wird auch das vorübergehen. Die Natur wird wieder einmal zeigen, dass sie widerstandsfähiger ist, als wir denken.

ZEELAND

Ich war also eine Woche in Zeeland. Dort habe ich die Erkenntnis gewonnen, dass Zeeland Pappel- und Ebereschenland ist, und außer den beiden bereits erwähnten Ulmen natürlich eine ganze Menge Zeeland-Hecken gesehen. Die heißen nicht so, weil sie nur in Zeeland stehen, sie heißen überall in den Niederlanden so. Hier allerdings sind sie so spezifisch, dass der Name der Provinz auf mehrere Heckenarten übergegangen ist. Kurz gesagt: Eine Zeeland-Hecke besteht aus verschiedenen Straucharten. Offiziell aus 60 Prozent Weißdorn, 20 Prozent Schlehdorn und 20 Prozent Feldahorn, auch Maßholder genannt, dem *Acer campestre*. Angereichert noch mit ein wenig Brombeere, Weinrose, Hundsrose und Holunder. Eine Weinrose ist eine wilde Rose, offiziell heißt sie *Rosa rubiginosa*. Aber eigentlich ist es egal, woraus die Zeeland-Hecke besteht, Hauptsache, sie setzt sich aus vielen verschiedenen Straucharten zusammen. Auch Hainbuche, Jasmin und Stechpalme kommen vor. Die unterschiedlichen Sträucher, Bäume und Rosen blühen zu verschiedenen Zeiten, was gut für Vögel und Insekten ist. Und natürlich für uns. Mit Sicherheit habe ich meine ersten Zeeland-Hecken in Wieringen gesehen, aber das realisiere ich jetzt erst. Ich muss sie entlang der Schlängelwege, manchmal auch der Hohlwege gesehen haben, wobei die Hecken wie ein grüner Tunnel ineinander verwachsen waren. Genau wie in England.

Am besten ist es für eine Zeeland-Hecke, wenn alle Sträucher etwa gleich schnell wachsen, damit man sie gleichmäßig zurückschneiden kann. In den Ardennen habe ich einmal eine eigene Version einer Zeeland-Hecke gepflanzt, mit rotem Haselstrauch und Hartriegel. Bevor ich weiterschreibe, bekenne ich mich schuldig. Ich habe die Wachstumsgeschwindigkeiten nicht aufeinander abgestimmt. Der Grundstücksbesitzer fand es wunderbar, aber er vergaß das Stutzen, oder besser gesagt: Es ist ihm gar nicht in den Sinn gekommen. Als ich drei Jahre später wieder hingefahren bin, war von der Hecke nicht mehr viel übrig: ein paar meterhohe Erlen und darunter dahinsiechender Holunder und Hartriegel. Von dem roten Haselstrauch keine Spur. Ich habe versucht, die Hecke zu retten, indem ich die Wipfel aus den Bäumen geschnitten und die üppig wuchernde Kriech-Quecke bei allen Stämmen herausgerissen habe. In drei Jahren sehe ich es mir noch einmal an. Wenn der Grundstücksbesitzer wieder nichts getan hat, liegt das nicht länger in meiner Verantwortung.

MIESE ERDE
(NATUR IM AUSLAND)

»Lass uns im September fahren, Mitte September, dann ist es nicht mehr so heiß.« Gestern hatten wir 39 Grad, selbst die Grillen oder Zikaden, oder wie die Viecher hier heißen, fanden es zu arg und verstummten. Wenn die Außentemperatur höher ist als die Körpertemperatur, werde ich unruhig, vielleicht sogar ängstlich. Denke ich darüber zu lange nach, bekomme ich regelrecht Beklemmungen. Ich mag Kälte lieber als Hitze. Gegen Kälte kann man sich wappnen, dicke Kleidung anziehen, den Ofen – am liebsten einen Holzofen – anzünden. Bei Hitze aber gibt es kein Entkommen. Natürlich kann man in einem Haus eine Klimaanlage installieren, aber wo hängt man so ein Ding draußen auf?

Ich bin also in einem Land, in einer Landschaft, in der ich niemals zuvor gewesen bin. Eine südliche Landschaft. Mal in einem Haus mit Garten, mal in einem Weiler, der Agios Georgios heißt. Er liegt zwischen dem Haus und Methana. Methana ist die Hauptstadt der gleichnamigen Halbinsel. Hier stinkt es wegen der Schwefelbäder fürchterlich. Die gesamte Halbinsel ist ein einziger schlafender Vulkan, genauer eine ganze Reihe schlafender Vulkane. Ist Methana vielleicht etymologisch an *Methan* gekoppelt? Wahrscheinlich nicht, doch es macht mir manchmal Spaß, volksetymologisch zu denken. Aber ist Methan nicht sowieso geruchlos?

Vor langer, langer Zeit bin ich ab und zu in ein südliches Land gereist. Portugal. Spanien. Im Sommer. Ich bin rothaarig, ein Nachteil am Strand oder wo auch immer in der Sonne. Ich bin nicht erpicht auf Sonne. Verbrennen tut weh. Also bin ich immer häufiger in den Norden oder Westen gefahren. Auch da scheint die Sonne (wie warm und sonnig es doch in Wales oder in Dänemark sein kann!), aber es ist eine andere Sonne, eine *nördliche* Sonne eben. Nach Griechenland zu reisen, ist mir vielleicht wegen meiner Flugangst nie in den Sinn gekommen. Meine Ex-Flugangst. Nun passte es gerade, ich wollte den ganzen Sommer über Urlaub machen, denn wenn man an zwei Orten lebt, und einer davon ist im Ausland, neigt man dazu, gar nicht mehr in den Urlaub zu fahren. (Ich hätte sogar noch weiter weg fliegen können, nach Amerika oder Island oder Ulaanbaatar. Das Einzige, was mich abhält, ist das Wissen, elf oder zwölf Stunden nicht rauchen zu können. Schade. Sehr schade.)

Nachts sitzen daumengroße Grillen oder Zikaden in den Kiefern und machen Lärm. Ständig schlagen Hunde an, und dann bellen sie oft eine halbe Stunde am Stück. Spätabends gehe ich einmal an so einem Hund vorbei. Er steht mitten auf der Straße und bellt nichts und niemanden im Besonderen an. Auch mich nicht. Als er mich bemerkt, verstummt er. »Was machst du denn für einen Radau?«, frage ich ihn. Darauf hat er keine Antwort. Oder doch, denn als ich ein Stück weiter weg bin, fängt er wieder an. Die Nacht anbellen. Verschwitzte Nächte.

Um die Taverna streunen drei Hunde herum. Einer von ihnen, ein schwarzer mit braunen Pfoten, ist ein Sohn von Berties Mutter. Ich muss es anders formulieren: Es gibt Bertie, und es gibt Berties Mutter. Sie hat keinen Namen, oder alle haben ihn vergessen. Die beiden waren unzertrennlich, bis sich Bertie in eine kleine sandfarbene Hündin verliebte. Das zu beobachten, hat auch etwas Tragisches: Sie dösen in der Hitze, doch alle Viertelstunde oder noch öfter muss Bertie einfach aufstehen, um den Hintern und die Scheide seiner großen Liebe zu lecken. Die Hündin lässt ihn genüsslich gewähren, dreht sich manchmal auf den Rücken und streckt die Beine von sich. Dann legt sich Bertie wieder hin. Mehr ist für ihn momentan nicht drin. Vielleicht ist es eine Testphase. Er ist ganz und gar im Bann der kleinen Sandfarbenen. Die dritte, eine etwas größere, rauhaarige karamellfarbene Hündin, ist die Chefin. Sie bestimmt, was geschieht, wann sie aufstehen, wann sie sich anders hinlegen, wann sie sich setzen oder hinstellen dürfen. Alles bestimmt sie mit einem unterdrückten Knurren, das die beiden anderen prompt reagieren lässt. Vielleicht ist sie ja Berties neue Schwiegermutter.

Beim Beobachten dieser Hunde – es gibt noch mehr, sie streunen, werden gefüttert, gehören aber niemandem, oder vielleicht doch – beginne ich zu verstehen. Obwohl Jasper von einer anderen Insel, von Thassos stammte, sehe, rieche, fühle ich, wie es für ihn gewesen sein muss, bevor er nach Deutschland mitgenommen wurde. Kein schlechtes Leben. Die Dorfbewohner treten nie nach den Tieren oder schlagen sie. Man füttert sie, und nachts ist es hier alles andere als kalt, sie können gehen und stehen, wo sie möchten, können Hintern und Scheiden schlecken, wann immer sie wollen. An einem Tag liegt ein großer weißer Hund auf der Terrasse einer Taverna in Vahti, ganz so, als gehöre er dorthin. Zwei Tage später begrüßt er mich schwanzwedelnd bei der Taverna in Kaimeni Chora am Fuß eines Vulkans. Der Mann, der hier arbeitet und wohnt, meint, es sei sein Hund. Weil das Tier Menschen so sehr liebt, läuft es, wenn in der Taverna nichts los ist, zum Dorf am Meer. Ich verstehe, dass Jasper es bei mir nur so lala gefunden hat, ich verstehe, dass er es schwer hatte, sich an mich zu binden, dass es ihm sogar unmöglich war, bei mir zu bleiben, dass er nichts von einer Leine, ob kurz oder lang, wissen wollte. Er hätte hier – oder besser, dort auf Thassos – bleiben sollen. Menschen sollten diese Hunde und Katzen nicht aus Großherzigkeit oder aus Mitleid zu ihren im Norden gelegenen Häusern,

Weiden, Wäldern und Wohnvierteln mitnehmen. Der Norden ist wesensfremd für sie. Sie sind dort allein. Hier sind Hunde immer zusammen. Ich verstehe nun auch Jaspers zutiefst gutmütige, liebe Art. Nie wollte er ein Kind oder einen Erwachsenen beißen, nie knurrte er sie an. Alle Straßenhunde sind hier so, in ihnen steckt kein Funken Böses. Sie sind sogar unterwürfig, obwohl es tatsächlich halbwilde Tiere sind. Sie haben absolut kein Interesse daran, den Menschen gegenüber aggressiv zu sein. Davon hätten sie nichts. Es ist opportun, folgsam und freundlich zu sein. Aber wenn man sie aus ihrer eigenen Landschaft herausreißt, können sie eigenartige Dinge tun. Wie Jasper gegenüber anderen Hunden. Allerdings nur, wenn er angeleint war. Dann tobte er fürchterlich. Ohne Leine ignorierte er andere Hunde oder spielte mit ihnen. Genau wie die Hunde hier. Jasper war wirklich ein griechischer Hund.

Ein griechischer Junge hat sein Mofa oben am Strandweg abgestellt. Der Weg beginnt bei einem riesigen Eukalyptusbaum und wird von weiß gestrichenen Steinen markiert. Heute ist wieder ein heißer Tag, das Meer noch blauer als sonst. Der gesichtslose Junge – ich beobachte ihn aus der Ferne – wartet eine Weile unter einem viereckigen Sonnenschirm, die es hier an den öffentlichen Stränden zuhauf gibt. Dann geht er vorsichtig ins Wasser. Er bleibt stehen, als wäre ihm das Wasser zu kalt. Er beginnt zu schwimmen. Wasser spritzt von seinen braunen Schultern. Immer schaut er in diese Richtung, zu dem Haus und dem Garten, wo sich zahlreiche Ausländer aufhalten. Möglicherweise weiß er das. Der Wind spielt mit den schmalen Eukalyptusblättern. Ich schaue auch. Die Hoffnung. Die Möglichkeit. Der Sommer. Das Meer. Die Boote mit weißen Segeln. Die Insel in der Ferne.

Kurz darauf reist eine von den Ausländerinnen, eine Amerikanerin, ab. Ihre Koffer müssen zum Pfad hinaufgetragen werden. Ich werfe einen Blick über die Schulter und sehe den Jungen bei seinem Mofa stehen. Ich biete an, einen bleischweren Koffer zu tragen, ihre Abreise kommt mir gelegen. Am Sandpfad ist alles weiß, versengt, die Sträucher sind verdorrt. Als wir oben an der Straße ankommen, höre ich das Mofa. Ich zögere noch kurz, obwohl ich mich bereits von dem ausländischen Gast verabschiedet habe. Da kommt er, ohne Helm. Er nickt, als sein Mofa hinter dem Rücken der Amerikanerin vorbeifährt. Was gerade noch nicht mehr als ein Kopf gewesen ist, wird zu einem Gesicht. Vielleicht kommt er ja morgen wieder zum Schwimmen. In dem Meer, das so anders ist als unsere kalte, trübe Nordsee. Ein Meer mit bunten Fischen und lebensgefährlichen Seeigeln. Vielleicht kommt er morgen wieder und stellt sein Mofa ein klein wenig anders unter dem Eukalyptusbaum ab. Allein der Gedanke genügt.

Liegt es an diesem Ort, dass er mir auffällt? Liegt es daran, dass ich ihn hier sehe und nicht in Amsterdam? Er sticht heraus in dieser für mich fremden Natur, diesem blaugrünen Meer. Er ist allein mit dem Meer, sein Mofa steht einsam unter dem Eukalyptus. Tadzio wäre Gustav von Aschenbach vermutlich nie aufgefallen, hätte dieser nicht das hektische München gegen (den Strand von) Venedig getauscht. In München wäre der Junge in dem Strom von Passanten unbemerkt geblieben. Dieses Bild von Tadzio in Viscontis Film, wie er ins Meer läuft, sich umdreht und dem immer kränker werdenden von Aschenbach direkt in die Augen sieht. Das Meer, das von Aschenbach nicht kennt, das von der Sonne beschienene, glitzernde Wasser, Tadzio, von dem Glitzern umgeben, vom Meer auf einen Sockel gehoben. So fällt der Junge auf, mehr als irgendwo anders. Wären uns die Romanfiguren sonst unbekannt geblieben, wenn Thomas Mann 1911 nicht selbst, jedenfalls laut der Überlieferung, in Venedig Wladislav Moes (Rufname Adzio) gesehen hätte? Tilmann Lahme schreibt in *Die Manns*, dass Thomas Mann sich bei fast jedem Strandurlaub in irgendeinen Jungen verliebt habe. In der Natur fallen Menschen nun einmal mehr auf, vielleicht kann man sagen, sie fallen dort aus dem Rahmen, und vermutlich verhalten sich Menschen in der Natur sowieso anders als sonst. Möglicherweise sind sie offener für neue Eindrücke, jedenfalls für andere Eindrücke als normalerweise.

Solche Fische kenne ich aus dem Aquarium in Artis. Sie verhalten sich hier genauso wie im Aquarium des Amsterdamer Zoos. Ich schwimme mittendurch. Mit einer Schwimmbrille auf der Nase und einem Schnorchel im Mund. Die Brille sitzt nicht richtig, mir läuft die ganze Zeit Salzwasser in die Nase, andauernd verschlucke ich mich, tauche prustend auf. Ich kann mich nicht daran erinnern, jemals geschnorchelt zu haben. Unter Wasser ist es still, eine andere Welt. Eine Welt, die man beim Schwimmen nicht wahrnimmt. Die Fische zeigen keine Angst, sie flüchten nicht. Schwärme schwarzer Fische, Sardellen vielleicht, und dann diese Artis-Fische mit grellblauen und gelben Streifen, grün gesprenkelt. Ein einziges Mal entdecke ich einen roten Fisch. Die bunten schwimmen allein oder als Gespann. Komisch, die silbernen Schwärme mögen gegen den Meereshintergrund nicht weiter auffallen, und Räuber können sie wahrscheinlich nicht gut erkennen, aber die bunten Fische müssten – schwimmen sie im Schwarm – wie ein rotes Tuch auf einen Stier wirken. Schwimmen sie deshalb allein?

Trotzdem sind auch die farbenfrohen Fische nicht ängstlich. Sie fliehen nicht, sie weichen ruhig aus, nicht so blitzschnell, wie ich es einmal im Fernsehen bei einem Makrelenschwarm gesehen habe, den ein Hai oder eine Robbe angriff. Begreifen die Fische, dass ich keine Bedrohung bin? Wenn ein Hai vorbeikäme, würden sie doch sicherlich wegschwimmen? Muscheln, wiegendes Seegras oder Tang, und dann ein scharfes, grimmiges Tuckern. Der Außenbordmotor eines Fischerboots. Warum haben diese Fische keine Angst? Haben sie so viel Vertrauen in ihre eigene Welt, eine Welt, in der Menschen ertrinken können? Wissen sie etwa, dass sie sowieso gewinnen werden? Dass sie schneller sind, als wir es jemals sein könnten? Nur ein einzeln schwimmender Fisch nimmt eine ziemlich feindselige Haltung ein. Er hat sich ein bisschen aufgebläht, erinnert mich an ein Petermännchen, und als ich bemerke, wie sein Schwanz immer weiter nach unten sackt – er schwebt fast bewegungslos neben einem riesigen Lavabrocken –, schwimme ich schneller. Es ist kein großer Fisch, aber ein gefährlicher. Und dann muss ich wieder nach oben, das salzige Mittelmeerwasser läuft mir durch die Nase in den Hals.

Auf einer knallgrünen Luftmatratze schaukle ich in der ruhigen See. Plötzlich bemerke ich Aufregung am Strand. Menschen rufen und gestikulieren. »Delphine!« Ich sehe nichts, wahrscheinlich weil ich auf dem Wasser liege. Und dann entdecke ich sie doch, knapp 500 Meter entfernt. Sie springen aus dem Wasser und wieder hinein. Ich paddle auf sie zu, sie biegen ab, in meine Richtung. Sofort halte ich die Arme still. Als ich mich umdrehe, sehe ich, dass der Strand weit weg ist. Zu weit. Für mich. Ich mag das offene, tiefe Meer nicht. Die Delphine sind riesig. Ich kenne die Videos, ich kenne die Geschichten, aber sie haben trotzdem große Mäuler voller kleiner Zähne. »Ich habe Angst!«, brülle ich den immer noch rufenden und gestikulierenden Menschen zu.

Dann hängt sich die Niederländerin, die gestern angekommen ist, an meine Luftmatratze. »Puh«, sagt sie. Und obwohl die Entfernung zur Küste für mich eigentlich zu groß ist, überlasse ich ihr die Luftmatratze. Langsam schwimme ich zurück. Langsam schwimmen, nicht an die Tiefe denken, gleichmäßig atmen. Die Dänin kommt mir entgegen. Als ich kurz danach auf der Landspitze sitze, springen die Delphine immer noch. Es sind mehrere Gruppen. Die Dänin ist für meinen Geschmack viel zu weit draußen, die gestern angekommene Niederländerin schaukelt noch immer auf der grünen Luftmatratze. »Hosenscheißer«, sage ich leise. Aber es klingt nicht verärgert. Ich habe nur Mitleid mit mir selbst.

Manchmal schwimmen hier nicht nur die anderen Ausländer, die zum Haus und Garten gehören, sondern auch die Einheimischen. Am öffentlichen Strand neben dem Haus und dem Garten gehen sie ins Wasser. Sie schwimmen nicht, sie baden. Wenn die See rauer ist, sieht man zwei, drei Köpfe immer an fast derselben Stelle auf und nieder wippen. Wie Bojen, wie beseelte Quietsche-Entchen. In Agios Georgios stehen sie im flachen Hafenbecken und unterhalten sich über Gott und die Welt. Alte Griechen, die wegen ihrer Gemütsruhe und dieser Selbstverständlichkeit, mit der sie durchs Wasser waten, schöne Griechen sind. Sie sind alle dick. Ohne Ausnahme. Die Frauen tragen große weiße Hüte. »Jasses«, sagen sie zur Begrüßung. Jedenfalls klingt es so.

Jeden Morgen sitzen drei Männer auf der Terrasse der Taverna. Sie essen Tomaten und trinken Weißwein. Gestern aßen sie große Portionen frittierter Sardellen (deshalb dachte ich wohl an Sardellen, als ich unter Wasser die kleinen silbernen Fische in einem Schwarm schwimmen sah), von denen der Besitzer der Taverna vorgestern zehn Kilo gefangen hatte. Besonders die Sardellen weichen unter Wasser zurück. Sie meiden meine ausgestreckte Hand. Komisch, dass die Engländer Sardellen *anchovies* nennen. Im Niederländischen heißen sie *ansjovis*. Aber die Endung -vis steht nicht für Fisch. Das Wort leitet sich von dem spanischen und portugiesischen *anchova* ab, Plural *anchovas*, was volksetymologisch zu -vis wurde. Vas ist zu Vis verballhornt. »Fisch« bedeutet es jedenfalls nicht.

Meine Reisegefährtin meint, ich würde mich zu einem *beach bunny* entwickeln. Jeden Tag mache mich das Wasser freier, ich sei jeden Tag länger drin, und um das Salzwasser, das mir in die Nase rinnt, kümmerte ich mich kaum noch. Außerdem erklärt sie mir, dass mir die Schwimmbrille deswegen nicht passe, weil ich Furchen neben der Nase hätte. Meine Reisegefährtin sagt eine ganze Menge, manchmal wahre, manchmal sogar lustige Dinge. In Badehose geselle ich mich beim Mittagessen zu den anderen. Eine Schottin, eine Amerikanerin und eine Dänin sitzen am Tisch. Morgen Abend wird das schon wieder ganz anders aussehen, die Schottin und die Amerikanerin reisen ab, und zwei Britinnen treffen ein. Ich weiß nicht, warum nur Frauen an Schreibretreats teilnehmen oder Yoga machen. In meiner feuchten Badehose fühle ich mich wohl, obwohl ich in den Niederlanden oder Deutschland dicken Männern, die im Sommer halbnackt auf dem Fahrrad sitzen, immer »Zieh dir mal was an!« zurufen möchte.

Ich beuge mich der Bullenhitze, dem Salzwasser, ich ziehe immer weniger an und bewege mich mit dem Tag, lasse die Dinge hier einfach geschehen. Ich schwimme zwischen Fischen, die keine Angst vor mir haben, berühre vorsichtig einen Seeigel, gehe quer durch die Olivenhaine unserer Bleibe in Agios Georgios zum Haus mit dem Garten am Meer. Ich füge mich der Natur in diesem Teil der Welt. Übrigens: Wenn man einmal die Unterwasserwelt gesehen hat, wird man nie mehr arglos schwimmen gehen. Jedenfalls ich nicht.

Beach bunny, indeed. Ich gehe zum höchsten Punkt des Gartens. Dort auf der Landspitze stehen drei Liegestühle. Es ist windig, und ein paar Meter unter mir brechen sich die Wellen an den Felsen. Ich schmiere mich mit Sonnencreme ein, Faktor 20. Ja, ich weiß, viel zu wenig. Ich lege mich hin und nehme ein Sonnenbad. Ich bin wohl verrückt geworden.

Es ist Abend. Ich sitze mit der Schottin auf den Liegestühlen unten am Strand. Die Schottin trinkt ein Glas Ouzo mit Eis. Sie hat auf unserer Getränkekonsumliste mit Abstand die meisten Striche. Wir reden über dies und das, und sie sagt, wie sehr sie Blumengärten liebe, wilde Gärten. Ich antworte, dass ich Hecken mag und Mäuerchen, Linien und Übersicht. »*What?!*« Sie ist fassungslos. »*You are so intense! How can you have a structured garden?*«

Dies ist wirklich das allererste Mal, dass mich jemand »*intense*« nennt und obendrein: *intense* in einem Atemzug mit einem wilden Blumengarten! Ich nehme einen großen Schluck von dem Weißwein aus der Gegend – der Ouzo ist ungenießbar – und denke an die beiden ersten Kapitel dieses Buchs. An meine Theorie, dass sich das Wesen eines Menschen in dessen Garten widerspiegelt. Die kann ich – wenn ich der Ouzo trinkenden Schottin Glauben schenke – über Bord werfen. Oder sollte ich vielleicht doch besser ihrer Menschenkenntnis misstrauen?

Zufällig entdeckte ich, dass das gedrungene Bäumchen hier ein Kapernstrauch sein muss. Wie Trauben hängen die Früchte an ihm. Die *Capparis spinosa*. Einen Tag später stellte ich fest, dass die Palmen Dattelpalmen sind. All die Eukalyptusbäume versetzen mich in Erstaunen. Sind die nicht in Australien zu Hause? Es sind verschiedene Varianten mit länglichen und runden Blättern. Sogar sie tun sich bei dieser trockenen Hitze schwer. »Was für eine miese Erde!«, sage ich regelmäßig zu meiner Reisegefährtin. Leichte Erde voller Steine, ein bisschen rötlich. Und trocken. Dass hier überhaupt etwas wächst, will mir nicht in den Kopf.

Alles, was ich an Bäumen, Sträuchern oder anderen Pflanzen sehe, möchte ich beim Namen nennen können. Das habe ich in der Schule gelernt. Aber in einem so heißen südlichen Land ist man verloren. Bin ich verloren. Ich versuche, möglichst viel kennenzulernen. Bei den Kiefern hier handelt es sich um Aleppo-Kiefern, deren ursprüngliches Verbreitungsgebiet in Syrien und dem Libanon liegt. *Pinus halepensis.* Ihre Nadeln sind hellgrün, was den Hängen einen frühlingshaften Anblick verleiht. Ich sehe Eicheln an gedrungenen Sträuchern mit stacheligen und sehr kleinen Blättern. Blätter, die in nichts einem Eichenblatt ähneln. Aber die Eicheln verraten sie: die Steineiche, *Quercus ilex.* Ilex ist der lateinische Name für Stechpalme, also stachelige Blätter. Im Englischen heißen sie *holm oak* oder *holly oak.* Steineichen können recht hoch werden, hier aber sind es Sträucher mit vergleichsweise großen Eicheln, als hätte sie jemand von einer Stieleiche gepflückt und zur Dekoration in die Zweige gehängt. Die Erde in dieser Gegend ist wirklich einfach mies und trocken. Es gibt noch allerlei niedriges Gehölz, das, wenn ich mich recht erinnere, in anderen mediterranen Ländern *maquis* genannt wird. Doch was *maquis* bedeutet, ist mir ein Rätsel. Das Internet weiß zu berichten, dass *maquis* ein Biotop ist, bewachsen mit mediterranem Gebüsch. Na, so komme ich nicht weiter. Von einer Bergtour auf Korsika weiß ich, dass es gut riecht. Aber wenn ich an den Blättern reibe und mir danach die Finger unter die Nase halte, rieche ich nichts. Muss wohl doch irgendetwas anderes sein.

Nach zwei Tagen ist es mir wieder eingefallen. Die Bäume mit den länglichen, dünnen Blättern, fast wie Nadeln, sind Tamarisken. In Agios Georgios stehen ein paar davon direkt im Meer. Das ist nicht ungewöhnlich, es gibt Pflanzen, die 24 Stunden am Tag, und somit ihr ganzes Leben, Salz vertragen. Unglaublich. Sie sehen gut aus. An den dicken Stämmen erkennt man, dass sie hier schon sehr lange stehen. Den Johannisbrotbaum entdecke ich, weil ich mitten in einem seit hundert Jahren verlassenen Dorf gefragt werde, was dieser Baum mit den dunkelbraunen Hülsenfrüchten für eine Art sei. Ich habe wirklich keinen blassen Schimmer. Ich gebe verschiedene Suchbegriffe ein (»Hülsenfrüchte«, »überstehender Blattstand«, »mediterran«), und es klappt. *Ceratonia siliqua*, die anscheinend bis zu sieben Grad Frost verträgt. Während meiner Gärtnerlehre in Alkmaar kam der lateinische Name nicht in der ellenlangen Liste mit Baumnamen vor.

Agaven, die kenne ich, denn ich muss zu Hause meine schon bei dem geringsten Anzeichen von Frost in den Hauswirtschaftsraum stellen. Dort wachsen sie unbekümmert zu Riesenstacheln. Ich fühle und sehe es zum ersten Mal, als ich dagegentippe. Die untersten Teile eines solchen Scheibenkaktus sind vollkommen verholzt. Sie sind stahlhart. *Scheibenkaktus* in Ermangelung eines besseren Namens.

In der schlaflosen Nacht vor dem unerhört frühen Flug nach Athen habe ich ein paar Kapitel in *533 Tage* von Cees Nooteboom gelesen. Er beschreibt darin die Bücher, die in seinem Arbeitszimmer auf Menorca stehen, es sind schwierige, philosophische Werke, doch dann seufzt er, alles schön und gut, und mittlerweile hat er die achtzig überschritten. Aber kennt er die Namen der Kakteen in seinem Garten? Nein.

Ich vermute, dass selbst mit einem Kakteenhandbuch das Benennen von Kakteen im Garten verdammt heikel ist. Aber ich habe die Bezeichnung herausgefunden, und er heißt auf Niederländisch tatsächlich Scheibenkaktus. Scheiben- oder Feigenkaktus. Lateinisch *Opuntia*. Hier im Garten steht einer voller Früchte. Man kann sie essen. Bei dem Versuch, eine Opuntia-Frucht zu pflücken, hatte ich gleich die Finger voller Stacheln. Von mir aus können die Früchte ungegessen bleiben. Außerdem hat der Kaktus nichts davon, wenn Menschen seine Früchte essen, denn Menschen scheißen normalerweise nicht in der Natur. Damit die Samen sich verbreiten, müssen Tiere die Früchte fressen.

»Mir sind die Namen eines Baums oder Strauchs völlig egal«, sagt meine Reisegefährtin. »Mich interessiert nur, wo sie stehen, wie sie aussehen, ihre Form.« Sie hat es gut, sie bewegt sich durch diese Landschaft, ohne sich den Kopf zu zerbrechen. Trotzdem fragt sie mich: »Wie heißt der dürre Baum, unter dem wir am Meer sitzen? Ich brauche den Namen für einen Text, an dem ich gerade arbeite.« Eine Tamariske, sage ich.

Hier ist eine Frau aus Liverpool, die sämtliche Namen der Fische kennen möchte, die sie beim Schnorcheln sieht. Das tangiert mich wiederum überhaupt nicht. Ein Fisch ist ein Fisch, und morgen Abend esse ich in der Taverna einen großen Teller mit frittierten Sardellen. Ich kann sehr gut in einer Welt ohne Fischnamen leben. Ich könnte sogar in einer Welt ohne Fische leben. Eine Welt ohne Bäume, Sträucher und Pflanzen aber kann ich mir nicht vorstellen. Wahrscheinlich wollen die Menschen immer nur das wissen und sich merken, was sie brauchen. Die Frau aus Liverpool arbeitet an einem Gedichtzyklus über Fische. Na also. Ich schreibe über Bäume und Sträucher. Na also. Meine Reisegefährtin schreibt über etwas völlig anderes, doch die eine Tamariske im Salzwasser braucht sie. Und weil sie sie braucht, möchte sie – muss sie vielleicht sogar – ihren Namen erfahren. (Auch ihr sind diese Tamarisken im Salzwasser aufgefallen.)

Obwohl: Ich schreibe hier nicht nur über Bäume und Sträucher, sondern auch über Fische, also stimmt es nicht ganz, dass man Namen nur kennen will, wenn man sie braucht. Oder doch? Ich brauche die Namen dieser Fische nicht, aber es macht mir Spaß, sie zu beschreiben.

»Was für eine miese Erde«, stöhne ich mal wieder, als wir durch Megalo Potami fahren. Es staubt. Hinter einem kleinen Zaun bellt ein noch kleinerer Hund. Draußen gibt es keine Klimaanlage, draußen sind es 37 Grad. Können wir hier nun durchfahren, oder schaffen wir das nicht? *Megalo*, »groß«, und *Potami*, irgendetwas mit Wasser? Ja, *Hippopotamus*, »Flusspferd«. »Der große Fluss, so heißt das hier«, sage ich. Wir bleiben auf der Brücke stehen. Eine Brücke über dem Nichts. Furztrocken. *Welcome to the big river experience!* Das ist auf das weiße Geländer gemalt. Nie zuvor habe ich ein so ausgetrocknetes Flussbett gesehen. Ohne dieses Flussbett würde man keinen Gedanken an Wasser verschwenden, strömend und rinnend, kühl und erfrischend, erquickend. Aber unter uns ist nur dieser staubige Mistboden. Ein ausgetrocknetes Flussbett führt vor Augen, dass hier Wasser sein könnte, und mit diesem Wissen vermisst man das Wasser auch sofort. Was man nicht kennt, vermisst man nicht.

Olivenbäume. Ja, die erkenne ich auf Anhieb, wenn auch nur wegen der im Winter dick eingepackten Exemplare in Riesenholzkästen auf dem Mr. Visserplein in Amsterdam. Hier auf der Halbinsel stehen sie wirklich überall, auch an den steilen Berghängen. Und sie müssen nie eingepackt werden. Die Wirtschaftskrise, die Griechenland so hart getroffen hat, ist ein Segen für diese Landschaft. Das gefällt mir. Dass etwas, das schlecht für die Ökonomie und eine Gesellschaft ist, gut für die Landschaft sein kann. Die Olivenhaine auf Methana hatte man lange vernachlässigt. Man verdiente sein Geld mit anderen Sachen. Doch als alles zusammenbrach, betrachteten die Leute die uralten Haine auf einmal mit anderen Augen. Die Terrassen wurden in Ordnung gebracht und instand gesetzt, die Bäume zurückgeschnitten, neue angepflanzt, neue Bewässerungssysteme angelegt.

In eineinhalb Monaten – ich schreibe dies Ende September –

tauchen von überall her Menschen auf, um die Oliven zu ernten. Brüder, Großeltern, Cousins und Cousinen, Nachbarn, sogar Leute aus Athen. Und die Oliven werden nicht mit den alten Pressen gepresst, die hier überall herumliegen und verrosten, sondern in den wenigen zentralen Mühlen. Das Olivenöl von Methana soll fabelhaft schmecken. Fährt man eine Runde über die Halbinsel, sieht man überall gut gepflegte Olivenhaine, selbst an schwer erreichbaren Stellen, in den Bergen, an steilen Hügelflanken, mit Bewässerungssystemen aus dicken Kunststoffschläuchen und durchgeschnittenen Wasserflaschen über den Sprühköpfen.

Hätte es die Wirtschaftskrise nicht gegeben, wären die Olivenbäume nicht mehr zurückgeschnitten worden. Und wenn ein Olivenbaum nicht zurückgeschnitten wird, trägt er viel weniger Früchte und gibt unter der Last der schweren Äste allmählich nach. Die Bäume würden langsam überwuchert und Teil der trockenen, stachlig rauen Vegetation werden. Sie würden keinen Ertrag mehr bringen. Die in den vergangenen Jahrhunderten errichteten Terrassen würden verfallen. Tja, manchen Leuten könnte genau das gefallen, ein Methana ohne Olivenbäume, sie fänden es vielleicht »natürlicher«.

Aber was sind das nur für unglaublich tolle Bäume! Die *Olea europaea*. Das Adjektiv knorrig ist wie für diese Bäume erfunden. Ihnen macht es nichts aus, wie oder wo sie wachsen. Sie gedeihen auch in einer Felsspalte, ragen daraus hervor wie ein Schornstein, ich habe es gesehen, manchmal liegen sie flach am Boden, und trotzdem wollen sie sprießen, oder sie sind um einen Felsblock herumgewachsen, um einen Felsblock, der vor langer Zeit versucht hat, sie zu brechen. Viele hunderte Jahre werden sie alt.

Zurück zu Peter Wohlleben. Der sollte hier einmal einen Tag verbringen. In diesen Wäldern, denn nichts anderes sind Olivenhaine. Der Baum, der Oliven und Öl liefert, heißt nicht umsonst vollständig *Olea europaea subspecies sylvestris*. *Sylvestris* bedeutet

»im Wald wachsend«. Dann würde Wohlleben endlich einsehen, dass seine Behauptung, schwer verwundete Bäume seien zum Sterben verdammt, wenn ihre gesunden Artgenossen nicht imstande seien, sie – über Wurzelkontakt – zu unterstützen, nicht stimmen kann. Alle, wirklich alle Olivenbäume hier sind verwundet, alt, klapprig, hohl, irgendwann von einem ein paar tausend Kilo schweren Felsbrocken umgekegelt worden. Was bedeutet, dass kein einziger Baum seinem oder ihrem Nachbarbaum helfen kann. Sie brauchen nämlich alle Hilfe. Aber sie machen einfach weiter. Jetzt und wahrscheinlich noch in hundert Jahren. Hunderttausende Kilo Oliven liefern sie jedes Jahr.

Ein Durchbruch. Ich habe aufgehört, dauernd »Was für eine miese Erde« zu rufen, wenn ich mich hier umsehe. Keine Vergleiche mehr zwischen diesem staubtrockenen Zustand und meinem sumpfigen Eifelgarten. Nützt ja auch nichts. Sämtliche Vegetation hier ist für hier gemacht. Ja, es gibt tote Bäume und Sträucher, aber die gibt es in der Eifel auch. Hier gedeihen Bäume, die im Salzwasser stehen, hier klammern sich die Wurzeln von Steineichen an Lavafelsen, blüht Oleander ohne Wasser, und verholzte Kakteen tragen ohne menschliches Zutun Früchte. Die Olivenbäume fühlen sich wohl (ja, ich weiß, dass geht nicht. Bäume können nicht fühlen).

Womöglich gibt es so etwas nicht: miese Erde. Nicht mal in der Wüste. Dort gibt es keine Erde, sondern Sand. Puren Sand. Und trotzdem wachsen sogar dort Pflanzen. Überall und immer und egal wo auf dieser Welt rankt sich etwas an Stein empor. So habe ich auf der Flanke des Vulkans, den ich bestiegen habe, tausende kleine zartrosa Zyklamen entdeckt. Wilde Zyklamen. Selten habe ich etwas Schöneres gesehen, all die kleinen Blumen, die sich durch eine dicke Schicht Aleppo-Kiefernnadeln gekämpft hatten, manchmal standen sie auf dem trockenen, staubigen Weg in Gruppen neben Lavagesteinsbrocken. Wenn solche Blumen hier blühen können, kann dies keine miese Erde sein.

Den griechischen Jungen mit dem Moped habe ich nicht mehr gesehen. Macht nichts. Er ist natürlich wie der Junge in Gerard Reves Gedicht, den Reve in Woudsend und später, noch am selben Tag, in Heeg gesehen hat. Ich habe mir diesen Jungen immer auf einem Moped vorgestellt. Damit ist er von Woudsend nach Heeg gebraust, so dass Reve ihn später noch einmal sehen konnte. Die Entfernung zwischen Woudsend und Heeg beträgt drei Kilometer Luftlinie, doch um dahin zu kommen, ist man wegen der vielen lästigen Wassergräben leicht zehn Kilometer unterwegs. Es war nicht beabsichtigt, dass etwas passierte. Reve hätte dieses Gedicht nie geschrieben, wenn er später am Tag hinten auf dem Moped des Jungen gelandet wäre. Oder gar rücklings in dessen Bett. Vermutlich ging auch bei Reve dieser *Tod-in-Venedig*-Vergleich auf: In der kahlen Weidelandschaft der friesischen Zuidwesthoek, die ich einfachheitshalber »die Natur« nenne, fiel der Junge auf. Reve sah ihn, weil er ihn nicht erwartet hatte; er kannte alle Leute aus der Gegend, er wusste, wohin er gezogen war. Und plötzlich war da dieser Junge. Wie die Faust aufs Auge. Eine Rose zwischen Brennnesseln.

CORVUS CORNIX

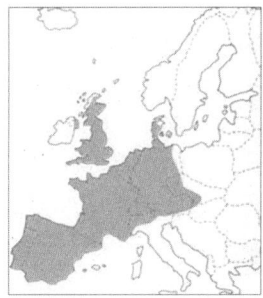
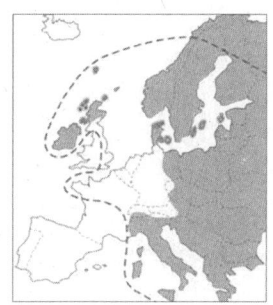

Aaskrähe   *Nebelkrähe*

Von allen Verbreitungskarten in *Petersons Vogelgids* finde ich zwei
am spannendsten. Legt man sie übereinander, ist bis auf Island
ganz Europa schwarz. Das besagt noch nicht viel, denn mit Ausnahme der Wasser- und Wattvögel und ein paar verirrter Al-
penschneehühner oder Steinschmätzer ist Island auf fast allen
Verbreitungskarten entsetzlich leer. (Wie, verdammt noch mal,
kommt ein Alpenschneehuhn eigentlich nach Island?) Diese beiden Karten aber: großartig. Wie die Etymologie erzählen sie uns
etwas über Geschichte. Diese beiden Karten zeigen: Aaskrähen
und Nebelkrähen vertragen sich nicht.

In Griechenland habe ich Nebelkrähen gesehen. Das hat mich
überrascht und nachdenklich gemacht. Wieder zu Hause, blät-
terte ich in *Petersons Vogelgids*. Das Ganze wurde noch eigenartiger, als ich angenommen hatte. Zuerst wunderte ich mich darüber,
wieso überall um uns herum Nebelkrähen leben – sie hatte ich
zum ersten Mal in Dänemark bemerkt –, nur nicht in den Niederlanden? Dieses »überall um uns herum« stimmt wirklich, Irland

und Schottland sind zum Beispiel pechschwarz. Doch diese nahezu gänzliche gegenseitige Ausschließung hatte ich nicht erwartet. In Dänemark war mir aufgefallen, dass ich keine Aaskrähen gesehen habe. Der Hobby-Ornithologe in mir – man muss einfach ein guter Beobachter sein, schon ist man ein Hobby-Ornithologe oder -Biologe oder -Zoologe – hatte bereits eine Vermutung: entweder nur die eine oder die andere Krähe.

Hätte ich früher besser aufgepasst, vor allem bei unseren Sonntagsausflügen mit dem Auto in der Umgebung von Wieringen, hätte ich sie sehen können. Früher gab es nämlich Nebelkrähen in den Niederlanden, und »früher« ist nicht einmal so lange her. Mein Vater erinnert sich noch an jede Menge in Wieringen und auf dem Wieringermeer-Polder. Nebelkrähen waren immer Zugvögel und Wintergäste, während die Aaskrähe ein Standvogel ist. Das heißt nichts anderes, als dass sie bei uns lebt. Die Verbreitungskarten aus *Petersons Vogelgids* zeigen die Brutgebiete auf. Womöglich wäre es ratsamer, nicht zu schreiben, Aas- und Nebelkrähen vertragen sich nicht, sondern einfach festzustellen, dass sie unterschiedliche Brutgebiete haben. Auf der Webseite von Sovon (»Niederländisches Zentrum für Feldornithologie«) gibt es eine schöne Karte, die zeigt, in welcher Abfolge die Nebelkrähe seit 1900 aus Westeuropa verschwunden ist: erst aus Südfrankreich, dann aus dem übrigen Frankreich, es folgen die Schweiz und Belgien, später Süddeutschland und Österreich. Um 2000 ist noch ein schmaler Streifen übrig, der sich über die westliche Hälfte der Niederlande und Norddeutschland erstreckt. Die Population war damals allerdings schon äußerst gering.

Weshalb sind die Nebelkrähen bei uns verschwunden? Warum besuchen sie uns im Winter nicht mehr? Es scheint mit der Klimaerwärmung zusammenzuhängen. Dass mein Vater gerade im Wieringermeer Nebelkrähen gesehen hat, ist kein Zufall. Auch in den Flevopoldern gab es nach der Trockenlegung unzählige

Nebelkrähen. Sogar viel mehr Nebel- als Aaskrähen. Das kahle, raue Land war wohl ein ideales Nahrungsgebiet für sie. Doch die neuen Polder wurden mehr und mehr bepflanzt und bebaut, und langsam übernahmen die Aaskrähen das Terrain. Nicht als Wintergäste, sondern als Siedler, als Brutvögel. Das ging ganz schnell: Um 2000 war die Nebelkrähe so gut wie verschwunden, selbst wenn es auf dem Wieringermeer-Polder und in Noordoostpolder anfangs noch große Nebelkrähenkolonien gegeben hat.

Nahrung und nicht im Weg sein (wollen). Das sind anscheinend die wichtigsten Gründe für den Wegzug der Nebelkrähen aus den Niederlanden. Vielleicht noch verstärkt durch den Klimawandel – aber darüber gibt es keine Studien. Doch dieses »nicht im Weg sein« geht nicht ganz auf, vielleicht sogar überhaupt nicht. Betrachtet man die Verbreitungskarten eingehender, bemerkt man, dass sich die Ränder überlappen. Mit anderen Worten: Es ist nicht so, dass in Ejstrupholm auf Jütland nur Nebelkrähen leben und in Gludsted (fünf Kilometer entfernt) ausschließlich Aaskrähen, und am Abend verwünschen sich die beiden Arten lauthals. Sie paaren sich sogar, so nah verwandt sind sie. Weder hassen sie sich, noch kann man sagen, dass sie sich nicht vertragen.

Das Übergangsgebiet kann an die hundert Kilometer breit sein. Auf Vlieland scheint ein Mischpaar zu brüten, vielleicht sogar auch zwei.

Eine Theorie besagt, dass die Krähengruppen während des Eiszeitalters, im Pleistozän, auseinandergedriftet sind und sich danach jede auf eigene Weise weiterentwickelt haben. Und dass zu dem Zeitpunkt, an dem es wieder zum Kontakt zwischen Aas- und Nebelkrähen kam, ein Phänomen namens Koinophilie sie davon abhielt, sich zu paaren. Koinophilie bedeutet, dass Tiere (und Menschen natürlich) vorzugsweise Partner suchen, die ein Minimum an ungewöhnlichen oder mutanten Eigenschaften zeigen, sowohl auf dem Gebiet der Funktionalität als auch im Äußeren und im Verhalten. Das könnte bedeuten, dass die »Überläufer« Exemplare sind, die es ein wenig besonders, ein wenig anders mögen. Das vlieländische Paar ist zum Beispiel ziemlich eigenartig*. Aber das erklärt noch immer nicht die strikte Trennung, dieses anscheinend Nicht-miteinander-Leben-Können. *Vogelbescherming Nederland*, der niederländische Vogelschutzbund, verkündet zur Verbreitung der Aaskrähe: »In West- und Südwesteuropa wird sie, anders als im Rest Europas, durch die verwandte Nebelkrähe ersetzt.« *Wird ersetzt.* Als hätte jemand eigenhändig dafür gesorgt. Eine Gotteshand.

Vieles ist im Tierreich nicht zu klären, und vielleicht ähneln Vögel und Menschen sich mehr, als wir denken. Wir ziehen doch auch nicht massenhaft nach Nordirland oder Tadschikistan? Wir bleiben schön dort, wo wir sind. Wo es gut ist, wo wir uns auskennen, wo wir Familie und Freunde haben, wo wir wissen, was uns schmeckt und was nicht, wo es mal Winter ist, mal Sommer, weshalb wir Winter- und Sommerkleider haben und eine Badehose für die richtig heißen Tage und Wasser, das uns Abkühlung bietet, wo wir hören, was wir hören wollen oder was wir sehen oder hören müssen, im Fernsehen und Radio, auf Twitter und Facebook.

* Eigenartig ist ein seltsames Wort. Ursprünglich, als Lehnwort aus dem Deutschen, bedeutete es »bezeichnend«, hat aber im Niederländischen die negative Konnotation »sonderbar« bekommen. Das vlieländische Paar ist gerade nicht kennzeichnend für den Begriff Koinophilie und darum eigentlich uneigen-artig.

WEGE

Ein Hund ist hier. Der Hund heißt Pancho und ist ein Golden Retriever. Ich empfinde keine besondere Zuneigung für ihn, er gehört jemand anderem, und Golden Retriever sind nicht unbedingt meine Lieblingshunde. Es ist gerade Zeit für seinen Fellwechsel, auch das noch. Seine Besitzer wohnen in Nimshuscheid, sind aber momentan auf Kreta, und so bin ich über Umwege zum Hundesitter geworden. Ich hatte schon Ja gesagt, bevor ich erfuhr, dass es ein Golden Retriever ist. Drei Jahre ist Pancho alt, und sein wichtigster Besitz ist eine Decke. Eine inzwischen sehr feuchte und schmutzige Decke, die er nicht benutzt, um darauf zu liegen, sondern um darauf herumzusabbern. Wenn er richtig in Fahrt gerät und seine Augen leicht glasig werden, schäumt es aus seinem Maul. Er tut so, als wäre er ein Baby, aber nach Hundemaßstäben müsste er längst in der Pubertät sein.

Ich empfinde nur selten Zuneigung für einen Hund, auf den ich aufpasse, wahrscheinlich weil ich viel zu oft an sein Herrchen denke, wenn ich mit ihm im eisigen Eifelregen unterwegs bin. An ein Herrchen oder Frauchen, das herrlich auf Kreta oder sonst wo weilt oder sich in der einen oder anderen europäischen Hauptstadt vergnügt, während sein Hund in meinen Garten scheißt, oder das in schattigen Straßencafés Alkoholisches genießt, während ich gerade Berge von Hundehaaren aufsauge. Das mag nicht besonders nett klingen, aber so ist es nun mal. Eben weil ich keine besondere Zuneigung zu Gasthunden empfinde, bekomme ich automatisch Mitleid mit ihnen. Das führt wiederum dazu, dass ich sie übertrieben knuddele oder sie den ganzen Tag mit Hundeleckerli vollstopfe. Irgendwann werde ich bei jedem Hund schwach.

In einen Gasthund aber habe ich mich übrigens sofort verliebt:

Elvis. Den kannte ich bereits, als er für eine Woche bei mir lebte: eine schwarz-weiße dänische Dogge, die ich überhaupt nicht mehr weglassen wollte.

Es gibt allerdings so manches, das ich Pancho zugutehalten muss. Er folgt ausgezeichnet – im Moment liegt er brav unten an der Treppe, die zum Schreibzimmer führt, weil ich ihm wegen seines Haarausfalls verboten habe, hereinzukommen –, außerdem schnarcht er sehr laut und gemütlich, wenn ich mir einen Film oder eine Serie auf Netflix anschaue. Ab und zu ist das so ansteckend, dass auch ich kurz eindöse.

Immerhin: Ich laufe wieder durch den Wald. Gestern habe ich die lila Astern auf einem der Komposthaufen gefunden. Jetzt, wo Pancho da ist, bin ich gezwungen, aufs Neue die Wege einzuschlagen und die Alleen entlangzugehen. Das habe ich schon lange nicht mehr getan. Selbst wenn ich einen Hundebesitzer zu Besuch habe – Gartenkumpel Han mit Jet, Freund Henk mit seinem Hund Bas –, lasse ich meinen Gast in neun von zehn Fällen allein seine Runde drehen.

Als ich *Jasper und sein Knecht* schrieb, sollte das Buch nicht so enden, wie es endet. Jasper hätte nicht sterben dürfen. Ich wusste bereits bei der Hälfte, wie das Buch aufhören muss: mit meinem Großvater. Weil ich das Buch auch mit ihm begonnen hatte. Dann hätte sich der Kreis geschlossen: eine runde Sache. Ich arbeitete also auf dieses Ende hin.

Nachdem ich das Manuskript abgegeben hatte, ging es Jasper rapide schlechter. Er wurde blind, bekam noch einmal einen epileptischen Anfall, konnte und durfte in Amsterdam nicht mehr nach draußen, bis ich ihn schließlich einschläfern lassen musste. Ogottogott, dieser Anblick des blinden Hundes auf dem auf einmal enorm weitläufigen Tindalplein. Er setzte sich und blieb sitzen, traute sich nirgendwo mehr hin, wusste nicht, wo er war.

Ganz selten noch die eigentlich eingefleischte Gewohnheit, einen vorbeikommenden, fröhlich wedelnden Hund böse anzublaffen – einen mit klarem Blick, dessen Herrchen oder Frauchen von nichts eine Ahnung hatte. Ich hasste Menschen mit einem Hund, der nicht blind war. Nicht auszuhalten.

Eimerweise Wasser habe ich auf die Galerie gekippt, weil er direkt vor der Haustür sein Geschäft verrichtete. Er war viereinhalb Jahre alt. Immer wieder muss ich an diesen letzten Tag zurückdenken, bis zum bitteren Ende. Nachts im Bett, wenn ich nicht schlafen kann. Ich bin anscheinend immer noch dabei, das Ganze zu verarbeiten. Ich kann erst schlafen, wenn der ganze Film vor meinem inneren Auge abgespult worden ist, wenn ich alles noch mal von vorn durchlebt habe. Und neulich, in Griechenland, habe ich wieder viel an Jasper gedacht. Überall Hunde, die so ähnlich aussahen wie er.

Ich weiß noch gut, wie ich kurz darauf, im März, zum ersten Mal ohne ihn in die Eifel zurückkehrte und das erste Mal ein Stück spazieren ging. Es funktionierte einfach nicht. Ich konnte nicht ohne ihn spazieren gehen. Es war blöd, ohne Jasper unterwegs zu sein. Einfach nur blöd. *Doof*, wie man in der Eifel sagt. Es hatte keinen Sinn, kein Ziel, keinen Zweck. In Amsterdam hatte ich über seinen Tod weinen müssen. Jetzt, in der Eifel, musste ich erneut um ihn weinen, und am schlimmsten war mein Kummer, wenn ich allein durch den Wald oder über die Weiden lief. Aber statt Kummer war es eher ein Gefühl absoluter Leere, eine Form von Vergeblichkeit. Also ließ ich es bleiben.

Der Winter 2016/2017 war irgendwie schrecklich, auch wenn ich nicht gleich begriff, warum – es ist schon seltsam, wie das menschliche Gehirn funktioniert. Draußen war es eiskalt. Anhaltend eiskalt. Ich schrieb gerade nicht, und im Garten drohten sämtliche Sträucher und Pflanzen zu erfrieren. Sogar die Pflanzen und Sträucher, die ich mit Tannenzweigen gegen den Frost zu schützen versucht hatte. Allmählich dämmerte es mir: Jasper war nicht mehr da. Wir waren nicht mehr jeden Tag stundenlang draußen unterwegs. Es war – so ist das nun mal – der erste Winter ohne Hund. Ein leerer Winter.

Dieser grässliche Winter gipfelte darin, dass ich einen neuen Hund ins Haus holte. Der Hund hieß Mindy, sie lebte vorübergehend, in Erwartung ihres endgültigen Besitzers, unweit von Coevorden, gleich hinter der niederländischen Grenze. Ich hatte Mindy zweimal besucht. Einmal allein und einmal mit einer guten Freundin. Ich war mir nicht sicher, ich spürte wenig, das Tier war lieb und anhänglich, es leckte mein Gesicht, drang aber nicht wirklich bis zu mir durch. Trotzdem blieb ich dran – auch weil die Freundin fand, dass Mindy durchaus zu mir passen würde. Mindy wurde in Trudie umgetauft – nach dem Hund mit den angemalten Augenbrauen aus der Fernsehserie *Theo und Thea* –, und Trudie wurde zu mir nach Amsterdam gebracht.

Es dauerte genau eine Nacht. Das junge Tier schlief nicht und ich ebenso wenig. Ich konnte nur noch an eines denken: »Ich muss schlafen.« Trudie sprang auf mich drauf und pustete mir ihren metallischen Atem ins Gesicht. Die Pflegefamilie holte Trudie wieder ab. Das war kein Problem, denn das Ehepaar war nach dem Herbringen nicht gleich wieder bei Coevorden über die Grenze gefahren, sondern Richtung Zandvoort aufgebrochen. Die Frau war böse auf mich. Warum hatte ich denn nichts gesagt? Warum hatte ich nicht darauf aufmerksam gemacht? »Genau so ist eine Depression nun mal«, log ich. »Man weiß nichts, man versteht nichts, man macht irgendwie weiter, es ist so gut wie unmöglich, eine Entscheidung zu treffen, wenn nicht gar ausgeschlossen.«

Trudie reiste wieder ab. Am selben Abend lag ich auf dem Sofa und schaute fern. Ich spürte etwas. Einen Hauch von Erleichterung. Keine richtige Erleichterung. Einen *Hauch*. Das tat gut.

Jetzt, mit Pancho, gehe ich wieder spazieren, komme wieder

an Orte, an denen ich seit Monaten nicht mehr gewesen bin. Ich sehe, dass Waldstücke gerodet worden sind. Dass Bäume über den Weg gestürzt und mit einer Kettensäge zerlegt worden sind. Genau ein Stück des Stammes fehlt, so breit wie der Weg. Ich sehe, wie erschreckend schnell Pionierpflanzen eine abgeholzte Hügelflanke unweit von Wawern erobern. Was letztes Jahr noch kahl war, ist jetzt ganz grün vom Ginster. Ein Strauch, den ich noch gar nicht als Pionierpflanze kannte.

Auf der Runde durchs Tal, unweit der Fischteiche, laufe ich Nachbar Max und Nachbarin Margret in die Arme. Sie sind mit ihren Nordic-Walking-Stöcken unterwegs. »*Was hast du da für schöne Blumen?*«, fragt Nachbarin Margret. »Astern«, sage ich. Ich sehe Asta mal wieder, den Hund des Altbürgermeisters Ernst Görgen, nicht aber Kessie, den Hund von Bauer Becker. Er wird doch nicht tot sein? Pancho fürchtet sich vor Bauer Beckers Kühen. Er berührt im Gehen mein Knie – an der Seite, wo keine Kühe stehen.

Oben, am kleinen Weg, über den man nach Obere Hardt kommt, parkt ein weißer Lieferwagen. Die Tür steht offen, es ist der Lieferwagen einer Windradfirma. Im Lieferwagen sitzt ein gut aussehender junger Mann, durch den Wald läuft ein anderer gut aussehender junger Mann. »Hier kommt doch kein Windrad hin?«, sage ich. Ein Windrad im Wald, etwas Verrückteres dürfte kaum vorstellbar sein. Nein, hier kommt kein Windrad hin. Der junge Mann hält einen Korb in der Hand. Er sucht Steinpilze. »*Es riecht hier nach Wildschwein*«, sagt er. Kann man das riechen? Ja, seiner Meinung nach schon, und er riecht es, obwohl er eigentlich Steinpilze riechen wollte. Es ist ungefähr eins, vielleicht nutzen die Jungs von der Windradfirma ihre Mittagspause, um Pilze zu sammeln. Aber ich denke noch andere Dinge, vielleicht weil es zwei gut aussehende junge Männer sind. Es ist so ungewöhnlich, hier jemandem auf Spaziergängen zu begegnen, dass man sich sofort fragt, was dieser Jemand hier zu suchen hat. Der Korb, den der Pilzsammler in der Hand hält, hat allerdings ziemlich große Löcher. Als ich hier mit Jasper unterwegs war, war das mein Wald, meine Natur. Nie haben wir jemanden zu Gesicht bekommen, und dann denkt man schnell in Begriffen wie »mein« und »ich«. Wenn wir dann doch mal jemanden trafen – jemanden auf einem Traktor, einen Mountainbiker –, mussten wir uns mindestens einen Tag lang davon erholen, Jasper und ich.

Ein Stück weiter vorn sehe ich überall Wühlspuren und erinnere mich daran, dass die Regisseurin Nanouk Leopold hier auch mal was gerochen hat. »Der Fuchs!«, zischte sie. Darüber musste ich lachen, auch weil sie »der« sagte statt »ein«, bis wir tatsächlich einen Fuchs mit Jungen sahen, die sich wie kleine Bälle den steilen Hügel hinunterrollen ließen, um so schnell wie möglich wieder zu ihrem Bau zu kommen. Anscheinend haben manche Menschen einen so gut entwickelten Geruchssinn, dass sie Wild wahrnehmen können. Ich habe noch nie einen Fuchs oder ein Wildschwein gerochen, obwohl ich die scharfe, leicht säuerliche Ausdünstung der Wildhunde im Amsterdamer Zoo immer ausgezeichnet riechen kann. Pancho tut übrigens so, als würde er weder etwas sehen noch riechen. Noch ein Stück weiter vorn findet er einen Tümpel. Und weil Pancho ein Golden Retriever ist, muss und wird er sich hineinstürzen, ein ums andere Mal. Ich seufze. Schon wieder ein klatschnasser Hund in der Küche.

Ich glaube, Pancho kann gar nicht fassen, wie ihm geschieht. Zu Hause hockt er die ganze Zeit drinnen. Aber hier geht es raus, manchmal sogar vier Mal am Tag. Gestern Abend schien der Mond, die große Eiche an der Landstraße nach Feuerscheid warf ihren Schatten auf die Weide. Die weißen Ziegen von Nachbarin Hannelore standen stockstill, aber gut sichtbar hinter ihrem Zaun. »Ziegen«, sagte ich leise zu dem Hund. Er bellte nicht, wollte sie nicht verfolgen. Eine Stunde später regnete es wieder; ich lag in meinem Bett und Pancho auf seinem Kissen am Fuße der Treppe. Nein, nicht auf *seinem* Kissen. Auf Jaspers Kissen, das ich aus dem Hauswirtschaftsraum geholt und ausgeklopft habe. Eines der wenigen Dinge, die Jasper gehörten und die ich nach seinem Tod nicht überstürzt weggeworfen habe.

Pancho hat sich seltsamerweise noch nicht einmal freiwillig auf sein eigenes Kissen gelegt, das ich in der Nähe des Holzofens platziert habe. Das tut er nur ganz kurz, wenn ich »Platz!« rufe, wenn ich es leid bin, ständig den großen Kopf zwischen Tischplatte und meinem Oberschenkel zu haben.

Es ist gut, dass der Hund hier ist. Ich bekomme den Wald wieder zu sehen, sehe, was sich dort verändert hat, und vor allem, was beim Alten geblieben ist. Ich nutze ihn erneut als Gratis-Gartencenter. Von Feuerscheid her kommend, sah ich plötzlich ganz Lasel vor mir liegen. Wie ein Postkartenidyll, so ein friedliches kleines Dorf im Tal, die Häuser gruppiert um die große weiße Kirche. Das war mir vorher nie aufgefallen. Wie das? Ganz einfach, weil inzwischen ein Streifen Wald von ungefähr anderthalb Metern Breite gerodet worden ist. Ich gehe wieder spazieren, bewege mich, komme wieder an die frische Luft, ja ich lasse sogar meinen Tabak zu Hause, denn was ist das bloß für ein überflüssiger Quatsch, auf Hundespaziergängen rauchen zu müssen?

Unterwegs muss ich auf einmal an die ältere Frau aus dem Tierkrematorium am Amsterdamer Kadoelenweg denken. Daran, wie sie mit ihrer Arbeit verschmolzen war. Eine, die es schaffte, sich beim Kaffee durchweg teilnahmsvoll und einfühlsam zu geben, die leise, tröstende Laute ausstieß. Ihr ganzer Körper strahlte das aus. Fleisch gewordene Empathie. Eine, die sich selbst verboten hatte, zu lachen, ja nicht einmal lächelte. »Es ist nur ein Hund!«, wollte ich ihr die ganze Zeit zurufen, »führen Sie sich bitte nicht so auf!« Sie machte es mir schwer, stellte mir mit gesenktem Blick das Kartenlesegerät vor die Nase. 177 Euro. Durch ihr völlig unpassendes und übertriebenes Mittrauern brachte sie mich um meinen aufrichtigen Schmerz. »Jaaaaaah«, sagte sie scheinbar tief betroffen und mit einem Seufzer, während sie den Beleg aus dem Gerät riss.

NASSE SOCKEN UND DER BAUM, DER ALLES SAH

Pancho ist immer noch bei mir. Ich ertrage ihn etwas besser, seit ich letzten Samstag aus Kreta eine SMS mit der Frage bekommen habe, wie es uns beiden so ergeht. Wenigstens haben sie dort einmal an ihren Hund gedacht. Es regnet immer noch. Die Sabberdecke ist durchweicht, bestimmt wird sie nie mehr trocknen. Als ich sie auf die Wäscheleine hänge, springt er so lange hoch, bis er sie sich wieder geschnappt hat. Ich werfe am besten keinen Blick mehr auf den Fußboden im Flur und in der Küche. Regen, grau, kalt. Tagein, tagaus. Und obwohl ich mich bei jedem über das deprimierende Wetter auslasse, macht es mir im Grunde nichts aus. Ich rede einfach nur mit.

Selbst meine ewig nassen Socken nehme ich gelassen hin. All meine Schuhe sind undicht, in der Sohle der schwedischen Pantoffeln ist ein riesiges Loch, und das Leder meines rechten Wanderschuhs ist eingerissen. Vorgestern war ich richtig heiter, als ich im Nieselregen auf dem Heimweg war. Pancho war pitschnass, er war in die Nims gesprungen. Nicht einmal die Hundeleine ärgerte mich, die sich ständig zwischen seinen Pfoten verfing und mich so zwang, darüber zu springen. Warum haben diese Leute keine Rollleine? Noch ein Hinweis, dass sie kaum mit dem Hund rausgehen.

Nebenbei achte ich auf meinen Gemütszustand. Schon seit knapp einem Monat schlucke ich keine Medikamente mehr. Unerfreulich ist allein, dass ich so etwas wie eine Hufrehe habe. Das tut höllisch weh und ist nicht gerade praktisch, wenn man ein paar Mal am Tag mit dem Hund nach draußen muss. Vermutlich ist es ein Fersensporn. Das nehme ich an, weil ich manchmal Leute darüber habe reden hören. »Ah, Fersensporn«, sagte Klaus, als ich ihm erzählte, wie mir die Hacke schmerzt. Aber hier gehe ich ganz sicher nicht zum Arzt. Denn das ist in der Eifel lebensgefährlich, bevor man es sich versieht, liegt man im Krankenhaus. Wegen nichts und wieder nichts. Keine Ahnung, warum das so anders gehandhabt wird als in den Niederlanden. Und liegt man erst im Krankenhaus, wollen sie einen auch noch so lange wie möglich dabehalten.

Nachdem ich eine kurze Morgenrunde mit Pancho gedreht, seinen Fressnapf gefüllt und meine rechte Socke zum Trocknen über den Ofen gehängt habe, lese ich in der *Trouw online*, dass ab jetzt in der Provinz Limburg Biber gejagt werden dürfen. Ich muss lachen. Nicht lächeln, lachen. Diese Menschen. Mit ihren guten Absichten. Diese ganze Wiederansiedlung. Es gibt einen Grund, weshalb ein bestimmtes Tier oder irgendein Vogel aus unserer Landschaft verschwunden ist. Man kann sich deswegen schuldig fühlen, weil man glaubt oder zu wissen meint, dass menschliches Eingreifen das bewirkt hat, aber wieso sollte man zum Beispiel einen Biber wiederansiedeln? Er ist bereits 1826 – vor knapp 200 Jahren! – ausgestorben. Hat ihn jemand vermisst? Hat ein Limburger eines Tages etwa gedacht: »Verflixt, wo ist eigentlich der Biber geblieben? Ich will ihn wiederhaben!« »Die Tiere anderswo auszusetzen ist keine Alternative. Andere Provinzen haben bereits genug mit ihren eigenen Bibern zu kämpfen, und in Limburg ist zu wenig Platz. Limburg ist die erste Provinz, die ihr Heil im Abschuss sucht.« Andere Provinzen haben bereits genug mit ihren eigenen Bibern zu kämpfen, ja ja.

Damals, lese ich, hat die Provinz gemeinsam mit den Wasserbehörden den Biber neu angesiedelt. Das kostet sie nun jährlich 513 000 Euro: eine halbe Million für das Durchlöchern und Entfernen von Biberdämmen. Außerdem werden 13 000 Euro Schadensersatz an Obstzüchter gezahlt, weil die Biber deren Bäume annagen. Ist das viel Geld? Keine Ahnung. Ich weiß nicht, was die Provinz und die Wasserbehörden in der Kasse haben. Aber ich meine, dass die Limburger *Partij voor de Dieren* recht hat, wenn sie behauptet, dass man »die Suppe, die man sich eingebrockt hat, nun auch auslöffeln muss«. Aber das ist eine andere Geschichte.

Das Aussterben des Bibers in den Niederlanden wurde durch die Jagd verursacht. Der größte natürliche Feind des Bibers ist der Wolf. Der Wolf ist ungefähr gleichzeitig mit dem Biber aus den Niederlanden verschwunden, ein bemerkenswerter Zufall. Biber lieferten Pelze und Bibergeil oder Castoreum, ein Sekret aus den Analdrüsen, das auch heute noch in Parfüms, Zigaretten und als Geschmacksstoff in Eis verarbeitet wird. In Bibergeil findet sich auch Salicylsäure – ein Bestandteil von Aspirin –, die die Tiere über den Verzehr von Weidenrinde zu sich nehmen.

Ausgestorben. Ein relativer Begriff. Das Tier kam zwar nicht mehr in den Niederlanden vor, doch anderswo auf der Welt gibt es Biber zuhauf, vor allem in Kanada und den Vereinigten Staaten. Ausgestorben klingt schrecklich, so definitiv. Es ist definitiv. Man denke an die Mammuts, den Säbelzahntiger, das Quagga und den Tasmanischen Tiger. Das Quagga – eine Unterart des Steppenzebras – hat sogar die Ehre, in unserem Amsterdamer Zoo ausgestorben zu sein, am 12. August 1883. Über den allerletzten Tasmanischen Tiger habe ich einmal Folgendes geschrieben:

Ich besuchte das Naturhistorische Museum Wien am Maria-Theresien-Platz mit einem seltsamen Wunsch, den der Nimmersatt in mir geweckt hatte. Denn ich hatte diesen Vogel mit dem mythischen Namen im Wiener Zoo entdeckt, und er schürte mein Verlangen, endlich einmal einen Vielfraß zu sehen. Einen lebenden Vielfraß gab es im Zoo nicht, also suchte ich nach einem toten. Ich fand ihn, nach stundenlangem Herumirren in Gängen mit tausenden ausgestopften Tieren, in einer Vitrine bei den Mardern. Das Tier war bereits gut ein halbes Jahrhundert tot, und sein Anblick war mit meinem Verlangen nicht in Gleichklang zu bringen. Das Verlangen bleibt also fürs Erste unerfüllt.

Unterwegs widerfuhr mir etwas, das die Engländer *serendipity* nennen: Man sucht etwas und stößt per Zufall auf etwas anderes. Das Serendipitätstier war in diesem Falle der Tasmanische Tiger oder Beutelwolf. Er hatte eine eigene Vitrine und ein eigenes Schild mit einer Menge Text und ein paar Fotografien. Mir war bekannt, dass der letzte seiner Art am 7. September 1936 im Zoo in Hobart, Tasmanien, gestorben war. Der Tierpfleger hatte vergessen, ihn in der Mittagshitze in seinen Stall zu sperren. Der Beutelwolf starb an einem Hitzschlag. Er war nämlich ein Nachttier.

Einmal habe ich einen Dokumentarfilm über den Beutelwolf untertitelt, der unter anderem uralte Aufnahmen zeigte. Schwarzweiß, staubige Sträucher, Gitterstäbe und grauer Beton, totale Einsamkeit. Es war ein Männchen mit Namen Benjamin. Man konnte absolut nichts tun, es gab nur noch ihn, Biologen gingen auf Expeditionen, konnten aber nirgends ein Weibchen finden. Benjamin hetzte hin und her, rastlos und unruhig. Gereizt, als wüsste er, dass er der Letzte seiner Art war, und verstände nicht, warum die Männer in dezenten Anzügen vor seinem Käfig – vom Regisseur extra zusammengetrommelt – ihn nicht in die tasmanischen Berge brachten und dort frei ließen, damit er sich selbst auf die Suche nach einem Weibchen machen konnte und zumindest so noch eine Chance hätte. Es ist einer der abscheulichsten Filme, die ich je gesehen habe. Aber einzigartig, denn normalerweise stirbt man nicht vor einer Kamera aus.

Ausgestorben ist ein Begriff, den man nicht unbedingt in einem Artikel über den Biber in den Niederlanden gebrauchen sollte. »Kommt nicht mehr vor« trifft es besser. Und: Ist es denn so schlimm, wenn ein Tier nicht mehr in den Niederlanden vorkommt, dafür aber in Deutschland, England oder Portugal? Natürlich nicht. Manche Menschen mögen das schlimm *finden*, aber das ist etwas völlig anderes. Werden wir dadurch weniger? Berührt es uns in unserem Sein? Vermindert es unsere Lebensqualität? Nein. Ich persönlich habe in den Niederlanden bislang keinen einzigen Biber vermisst, auch nicht hier in der Eifel. Es geht nur um Emotionen, und in diesen Emotionen steckt meist eine große Portion Egoismus. Vor über zehn Jahren habe ich das Folgende über den Anne-Frank-Baum geschrieben:

Die Natur sollte entscheiden, ein heftiger Sturm, der diesen verdammten Baum umpustet. Ein Entscheidungssturm. Das Absonderlichste, was ich hörte, kam aus dem Mund von Nachrichtenmoderator Wouter Kurpershoek, der in *Een Vandaag* Folgendes vom Teleprompter ablas: »Anne Frank benutzte den Baum, ob gewollt oder nicht, als Metapher für ihre eigene erwachende Sexualität.« Wie bitte?! Warum nicht gleich bildlich gesprochen: austreibende Sexualität. So ein Backfisch soll die Kastanie in Nachbars Garten dazu benutzt haben, um symbolisch über das aufkommende Unterleibskribbeln zu schreiben? Also wirklich.

Und wer empörte sich am lautesten? Natürlich all die Leute, die in dem Viertel schicke Böden aus Tropenholz auf ihren Terrassen verlegen ließen, für die jedes Jahr abertausend tropische Waldriesen gefällt werden, was den Brutkasteneffekt gewaltig stimuliert, den Boden erodieren lässt und die Urwaldtiere zwingt auszuweichen, wenn nicht gar auszusterben.

Während Stadtbezirke, Baumexperten, Anwohner und die Medien übereinander herfielen und in Tel Aviv, Toronto und Haifa Schweigemärsche organisiert wurden, hätte der Eigentümer des Gartens, in dem die Kastanie steht, einfach einen neuen

Baum pflanzen sollen, es gibt Sämlinge. Denn der Baum ist von innen verrottet, je eher man einen neuen setzt, desto größer wäre er, wenn die alte Kastanie wirklich umfällt.

Der Fernsehjournalist Frits Barend sprach sich in der *Een Vandaag*-Debatte für den Erhalt des Baumes aus, doch auf den Einspruch, dass hinter der moralischen Entrüstung eigentlich ein enormes Schuldgefühl stecke, entgegnete er: »Nein, ja, wenn das so ist, unverzüglich fällen. So ein Schuldgefühl braucht niemand!« Bäume sind Emotionen, so viel ist sicher. Menschen schreiben Bäumen menschliche Eigenschaften zu: Schuldgefühl, sexuelles Erwachen, Kraft, »eine Art Breschnew, Symbol der Machtlosigkeit« (Jessica Durlacher). Und so schmerzt es natürlich, wenn ein Baum gefällt wird. Aber es schmerzt auch, wenn Opa, Mutter, Kind oder Hund stirbt. Alles, was stirbt, schmerzt. Alles, was lebt, stirbt. Man sollte aus lebendigen Wesen keine Symbole machen, denn immer wird dabei das Symbol verloren gehen.

Was ich damals nicht geschrieben habe: In hundert Jahren, wenn der neue Kastanienbaum genauso groß sein wird wie der alte im Jahr 2007, wird niemand mehr irgendetwas darüber wissen. Viele Generationen Amsterdamer, Niederländer, Israelis werden dann geboren und gestorben sein, und sie wissen nichts darüber, oder vielleicht doch, aber im Laufe der Zeit ist es eine Überlieferung geworden, eine Geschichte. Nichts, worüber man sich den Kopf zerbrechen müsste.

Das meine ich mit Egoismus. Die Menschen von heute zermartern sich immerzu über dieses Heute den Kopf. Keiner aber ist sich darüber im Klaren, dass zum Beispiel das Schneeglöckchen, das man für ein einheimisches Zwiebelgewächs hält, das in jeden Stinsengarten gehört, das untrennbar mit dem niederländischen Frühling verbunden ist, im Grunde äußerst exotisch ist. Es wurde erst vor rund 400 Jahren in die Niederlande eingeführt, und was sind schon 400 Jahre bei dem Lebensalter unseres Planeten? Nichts. Doch gerade weil es so lange her ist, weiß das kein Mensch mehr. Das meine ich damit.

Übrigens, am 13. Mai 1944 schrieb Anne Frank in ihr Tagebuch: «Unser Kastanienbaum steht von oben bis unten in voller Blüte und ist viel schöner als im vergangenen Jahr.» *Unser Kastanienbaum?* Der Baum stand im Garten der Keizersgracht 188. In Nachbars Garten.

Es wurde eine Rettungsaktion für den Anne-Frank-Baum ins Leben gerufen. Obwohl die Gemeinde aufgrund einer Studie, der zufolge der Baum vom Wulstigen Lackporling angegriffen war, bereits eine Baumfällgenehmigung erteilt hatte. Im April 2008 wurde rund um die Kastanie ein Stahlgerüst aufgestellt. Am 23. August 2010 brach der Baum einen Meter über dem Boden endgültig entzwei. Im Entscheidungssturm.

Inzwischen gibt es bei der Van den Berk-Baumschule in Sint-Oedenrode Sprösslinge des berühmten Baums zu kaufen, aber mit der Einschränkung, dass die Kastanien nicht in jedem x-beliebigen Garten gedeihen sollen. In *Het Parool* vom 4. Mai 2017 war zu lesen: »Die Rosskastanien sollen auf öffentlichen Plätzen stehen, die vorzugsweise einen Bezug zu Anne Frank oder dem Zweiten Weltkrieg haben. Interessierte können einen Antrag stellen, über den die Stiftungen [Elementree und Wereldboom, GB] gemeinsam mit der Baumschule entscheiden. Baumschulen-Besitzer Pieter van den Berk will nicht verraten, was so ein Baum genau kosten soll, nur dass Käufer mit ein paar hundert Euro zu rechnen haben.«

Vermutlich hat das alles mit dem zu tun, was ich schon auf Seite 63 eingeworfen habe: »Bei dieser Leichtigkeit, mit der Menschen Menschen einfach nicht als Natur betrachten, als lebende Wesen, die sich ernähren müssen, bei der Leichtigkeit, mit der solche Menschen Tierwohl und Baumwohl über ihr eigenes

Wohl stellen. Beim Mangel an Mitleid mit der eigenen Art.« In diesem konkreten Fall Mitleid mit dem Gemeinderat Amsterdam-Centrum, mit den Menschen, die im Gemeinderat sitzen und auf der Basis von Informationen handeln, die sie von Experten bekommen haben. Und die, jedenfalls in diesem Falle, Recht behalten haben, denn der Baum hat nur noch knapp zwei Jahre durchgehalten.

Wir – Menschen, Pflanzen, Tiere – müssen nun mal auf diesem Planeten zusammenleben. Irgendwie sind wir alle aus einer Art Ursuppe hervorgegangen und müssen nun miteinander klarkommen. Selbstverständlich tragen wir, weil wir über Verstand und Einsicht in unser Handeln verfügen, eine gewisse Verantwortung. Wenn wir uns »nicht vernunftbegabte« Tiere halten, müssen wir so gut wie möglich zu ihnen sein. Wenn in einem Schweinestall Feuer ausbricht, darf es nie so weit kommen, dass alle 24 000 Tiere dabei verenden. Die Türen müssen geöffnet und die Stallwände heruntergeklappt werden können.

Es gibt sehr vieles, wofür wir zu sorgen haben. Ich bin zwei Wochen lang für Pancho verantwortlich, ich muss für ihn sorgen. Doch wir dürfen auch Mitleid mit uns selbst zeigen, mit unserer Art. Mit uns Menschen, die, ich weiß nicht zu wie viel Prozent, aus Wasser bestehen, aus Blut und Knochen und einem Herzen – oftmals einem bangen Herzen –, die Beine zum Laufen haben, einen Hintern und Hände, und die auch nur irgendetwas tun und weiterwursteln, denn es gibt nun mal kein Zurück.

Wir sollten nicht vor Wut platzen, wenn ein Gelbbauchstreifensalamander auf einer eigens für den Hausbau aufgespritzten Sandfläche sitzt und man daraufhin den Grundstein nicht mitten auf diese Sandfläche legen darf. Selbst wenn zwei Kilometer weiter bestimmt noch ein anderer Gelbbauchstreifensalamander lebt, vielleicht sogar fünf, die keine Ahnung von dem »bedrohten« Gelbbauchstreifensalamander haben und die es gewiss nicht schlimm finden, wenn hunderte Menschen ein Jahr später über Wohnraum verfügen. Menschen müssen irgendwo wohnen, sie existieren nun mal, und es werden immer mehr. Und selbst wenn zwei Kilometer weiter keine Gelbbauchstreifensalamander leben, dann eben in Luxemburg. Auch gut. Man sollte etwas sportlicher mit den Dingen umgehen. Das geht schon in Ordnung. Das dürfen wir uns selbst gönnen.

Dabei kann es vorkommen, dass Gefühle und Natur sich nicht vereinbaren lassen. Oder dass Natur und Gefühle eine komplizierte Beziehung zueinander haben. Wie sehr wir uns das auch anders wünschen. Zum Beispiel der Buchenkreis, den ich vor Jahren in Het Oude Loo gesehen habe. Drei von ihnen – auf der Webseite von Het Oude Loo steht übrigens, dass es Eichen sind, doch ich kann mir nicht vorstellen, dass ich mich 2009 derart geirrt habe – wurden von den Prinzen Willem-Alexander, Constantijn und Johan Friso gepflanzt. Die Bäume gediehen prächtig, nur Constantijns Buche war krank. Was soll so ein junger Mann sich dabei bloß denken? Sein Baum war am Sterben, während die Bäume seiner Brüder in die Höhe schossen. Und nein, die Natur gibt nichts auf Vorhersagen, die Natur – also diese eine Buche – konnte ja nicht wissen, dass vier Jahre später einer der Brüder sterben würde. Das ist das Elende an Gedächtnis- oder Gedenkbäumen: Sie können sterben. Gefühle versus Natur. Die Natur gewinnt. Einem Baum ist es doch egal, ob er ein Gedenkbaum ist: Wenn es Zeit ist zum Sterben, stirbt er. Und ja, ich bemerke es auch – dies ist wieder so ein Wohlleben-Spruch. Schäm dich.

In der *Trouw* habe ich kürzlich ein Interview mit einem Mann aus Gelderland gelesen, der auf die Ackerränder seiner Provinz wütend war. Na gut, nicht auf die Ackerränder direkt, sondern auf die Leute, die an den betreffenden Ackerrändern die völlig verkehrten Blumen ausgesät hatten! Nämlich: keine einheimischen Blumen! Diese Blumen gehören einfach nicht nach Gelderland! Sofort wird Zeter und Mordio geschrien, kein bisschen Mitleid mit Menschen, die etwas erschaffen wollen. Und noch dazu etwas Gutes: einen Blumenstreifen für Insekten und Rebhühner neben einem Weizen- oder Kartoffelfeld. Er sagte unter anderem: »Ein Beispiel ist die Echte Schlüsselblume, eine Art, die früher vor allem auf den Binnendünen von Overijssel und Gelderland und den Magerwiesen von Limburg gewachsen ist, gedeiht heute überall. Dadurch verliert eine Landschaft ihre Authentizität.« Mit anderen Worten: Die Echte Schlüsselblume gehört *uns*, der Rest der Niederlande ist verbotenes Terrain für *unsere* Echte Schlüsselblume. Der Mann gehört anscheinend zur Bewegung EIGENE PFLANZEN FIRST! Ziemlich beängstigend. Und engstirnig und konservativ. Übrigens: Kein Wort über die ganz und gar nicht einheimischen Kulturpflanzen wie Kartoffeln oder Mais, an deren Feldern die in seinen Augen abscheulichen Ackerränder liegen. Kartoffeln und Mais, die abends auf seinem Teller liegen, mit denen er sich ernährt, sich am Leben hält.

Und dann gibt es noch den *Baum, der alles sah*. Gott bewahre mich. Der stand doch immer irgendwo, am Rande eines Schlachtfelds, im Innenhof eines Konzentrationslagers, als es noch kein Konzentrationslager war, in der Flugbahn eines abgestürzten El-Al-Flugzeugs in Bijlmer. Dort stand er. Denn das ist es, was Bäume tun: Sie stehen irgendwo, diese großen Pflanzen mit einem Pfahl in der Mitte. Ein bisschen im Wind rauschen, Blätter fallen lassen und ausschlagen, blühen und Früchte tragen und wieder ein bisschen im Wind rauschen, aber diesmal zur anderen Seite ausgerichtet, weil der Wind gedreht hat und jetzt aus Osten kommt.

SCHLANGENADLER

Heute früh lief ich mit Pancho über die Weide den Hang hinter meinem Haus hinauf. Ein Vögelchen flog auf. Es dauerte eine Weile, bis mir aufging, dass es eine Mehlschwalbe war. Ich dachte: »Im Spätherbst? Was macht das Tier noch hier?« Kurz darauf – immer noch auf dem Spaziergang – erinnerte ich mich daran, dass im letzten Jahr genau dasselbe passiert war und dass ich es auch damals aufgeschrieben hatte. Während Pancho das zweite Mal kackte (das Tier scheißt fünf bis sechs Mal am Tag, was mir nicht normal erscheint, vielleicht sollte ich mal die Besitzer darauf aufmerksam machen), fragte ich mich, ob es mich stören würde, wenn es keine Schwalben mehr gäbe. Nein, nicht allzu sehr. Aber schade wäre es. *Jammerschade.* Das ist ein Wort, das unverbrüchlich mit Gefühlen verbunden ist. Mit einem Gefühl.

Als ich über den ausgestorbenen Beutelwolf geschrieben habe, ging der Anne-Frank-Baum mit mir durch. Die eigentliche Frage ist doch: Ist es schlimm, wenn Tiere aussterben? Man stelle sich vor, in ganz Europa würden mit einem Mal alle Aaskrähen verschwinden. Dann würde – darauf könnte ich wetten – die Nebelkrähe allmählich zurückkehren. Zuerst nur als Wintergast und später vielleicht als Standvogel. Fällt irgendwo etwas weg, wird der Platz schnell wieder eingenommen.

Das bringt mich auf einen Gedanken von Maarten 't Hart. Der schrieb, dass es vollkommen sinnlos sei, Maulwürfe auszumerzen. Innerhalb eines Tages würde der Platz des toten Maulwurfs von einem Maulwurf eingenommen werden, der bis dahin im Garten der Nachbarn gelebt hätte.

Noch ein kurzer Exkurs. Zurück zu den grauen und roten Eichhörnchen aus dem Kapitel »*Balsam bashings*«. Ich habe mich einmal sehr über eine britische Dame aufgeregt, die Eichhörnchen-Futterstationen aufgehängt hatte. Damit kam sie sogar ins Fernsehen. Sie war äußerst zufrieden mit ihrer Aktion. Die Öffnung der Futterstation war absichtlich klein gehalten, damit ausschließlich die roten Eichhörnchen hineinklettern konnten. Sie mochte keine grauen. Eindringlinge, das seien sie, nicht einheimisch, also Tiere, die in England nichts zu suchen hätten. Sagte die Frau. Ich nehme an, sie wusste um die Schuld ihrer Vorfahren – vor nicht einmal allzu langer Zeit –, derentwegen es ihr geliebtes einheimisches rotes Eichhörnchen jetzt so schwer hat.

Ich schrieb: »Bricht der Rote-Eichhörnchen-Aktivistin nicht das Herz, wenn so ein graues Tier vergeblich versucht, in eins der Häuschen einzudringen, hungrig, wie es im Winter sicherlich ist? Denkt sie nicht, wer bin ich eigentlich, dass ich eine so moralische Selektion unter nicht vernunftbegabten Wesen treffe? Fragt sie sich denn nicht, welches Tier vor tausenden Jahren durch die Ankunft des roten Eichhörnchens ausgestorben ist? Und würde sie dieses Tier dann wieder einführen wollen? Wäre ich ein rotes Eichhörnchenweibchen, würde ich die wohlmeinende Aktivistin links liegen lassen und mich tüchtig mit einem robusten grauen Eichhörnchenmännchen paaren. Das scheint mir ein besseres Unterfangen zu sein, als das Feld zu räumen oder gratis dargebotene Bucheckern zu fressen.«

Willkür und der Mangel an Bewusstsein, dass – falls das rote Eichhörnchen ausstirbt – es sich in 200 Jahren im Nebel der Geschichte aufgelöst haben wird, aufgegangen in der Zeit, fortlebend in Legenden. Und dann ist wahrscheinlich das graue Eichhörnchen doch wieder lieb und hübsch und süß? Na klar.

Vermutlich geht es um das bestimmt unbewusste Gefühl der eigenen Vergänglichkeit, das Aussterben des roten Eichhörnchens als Metapher für die eigene Sterblichkeit, um ein *rage against the dying of the light*, ein *do not go gentle into that good night* von Dylan Thomas. Menschen denken nicht weiter, erkennen nicht, dass das rote Eichhörnchen möglicherweise in 100 Jahren eine ähnliche Wikipedia-Seite haben wird wie das Quagga, der Tasmanische Tiger oder der Dodo. Wikipedia-Einträge über ausgestorbene Tiere, die man schulterzuckend zur Kenntnis nimmt. Aber zu der Zeit, in der diese Tiere verschwanden, waren die Leute wahrscheinlich ziemlich bestürzt. Außer beim Dodo natürlich (denn wer hat damals schon Zeitung gelesen?), und ganz bestimmt nicht, als der letzte Tyrannosaurus Rex den Löffel abgegeben hat, weil da natürlich kein Mensch dabei war, um es mitzuerleben. Wie spannend, sich das einmal vorzustellen: die unendliche Menge von Tieren und kompletten Tierarten, die ausgestorben sind, ohne dass wir dabei waren.

Ich frage mich auch, ob sich die Kämpfer gegen das Aussterben darüber Gedanken machen, was alles neu hinzukommt. Denn auch das gibt es. Bereits seit einigen Sommern lässt sich der Schlangenadler im Fochterloërveen und im Nationalpark De Hoge Veluwe blicken, wenn auch zögerlich. Halsbandsittiche geben Großstädten das Antlitz tropischer Stätten. Wenn ich im Zug sitze, sehe ich mittlerweile mehr Silberreiher als Graureiher. Die Luzerne-Blattschneiderbiene und die Goldwespe (*Pseudomalus auratus*) fliegen hier seit kurzem umher, und in der Oosterschelde schwimmt die Stielqualle. Die Schellente brütet heutzutage wie auch der Mittelsäger in den Niederlanden. Die Europäische Auster lebt erneut im Wattenmeer. In Twente wurde nach 30 Jahren wieder eine Bischofsmütze gesichtet, das ist eine Morchelart. Der Wolf dringt schleichenderweise fast bis in die Niederlande vor, und sollte er dort ankommen, könnte er sich unter anderem in Limburg sofort auf Biberjagd begeben. Die Eiderente brütet seit 100 Jahren in den Niederlanden, und die Brandgans ist inzwischen von einem Wintergast Mitte der neunziger Jahre des vergangenen Jahrhunderts zu einem Standvogel geworden. Hier in der Eifel ist im März und November der Kranichzug ein mächtiges Spektakel. Sogar Kraniche brüten heute, noch recht vorsichtig, wieder in den Niederlanden. Ganz von sich aus.

SCHON SIEBEN TAGE
OHNE TWEET

Die twitternde Wageninger Pappel hat mittlerweile (12. Oktober 2017) 4081 Follower. Es sind also nicht allzu viele hinzugekommen. Am 4. Oktober twitterte sie dies: *Here is today's summary: shrunk -0.046 mm, transported 150.7 L of water at a maximum sap flow of 8.9 L/h.* Für Anfang Oktober ist das eine beachtliche Wassermenge. Der letzte Tweet stammt vom 5. Oktober: *My sap has started flowing, 40 minutes earlier than yesterday.* Vermutlich ist hier der aufsteigende Saftstrom gemeint. Und sie ist dünner geworden! Nicht kürzer, sondern dünner. Jetzt aber hat sie seit sieben Tagen kein Lebenszeichen von sich gegeben. Hoffentlich ist ihr nichts Schlimmes widerfahren.

Den Sturm am 14. September hat sie jedenfalls überstanden. Denn sie ließ an diesem Tag wissen: *The storm took many of my leaves and even branches. Also lost more water as wind causes a dry microclimate around my leaves. But I survived!* Pappeln sind dafür bekannt, aus nicht allzu gutem Holz geschnitzt zu sein. Sie reißen leicht ein, verlieren schnell dicke Äste, und wenn sie während eines Sturms umfallen, dann selten als ganzer Baum mitsamt Wurzelwerk. Sie knicken um. In einer Stadt sind Pappeln lebensgefährlich. Aber das wissen die Gemeinderäte. In Städten trifft man nicht allzu oft auf eine schöne Pappelallee. Und wenn doch (ich habe gerade eine Reihe Pyramidenpappeln im Amsterdamer Stadtviertel Rivierenbuurt im Kopf), werden sie ab einem bestimmten Alter – noch recht jung übrigens – gefällt. Und zwar vor, während und nach zu erwartenden Wutausbrüchen und Petitionen der Anwohner.

Ich habe mit eigenen Augen gesehen, wie eine Pappel blutet. Die Kettensägen-Prüfung fand am Ende meiner Gärtnerlehre im Februar 2005 statt. An einem unglaublich warmen Tag, einer von uns rief irgendwann: »Schaut nur! Ein Schmetterling!« Wir waren in einem Wirtschaftswald am Rand von Heerhugowaard. Ein verwahrlostes Waldstück, der ideale Platz für unsere Prüfung. Jeder von uns – wir waren ungefähr zu zehnt, einschließlich des jungen Mannes in der Vollzeitausbildung, der schon zwei Mal durch sein Examen gefallen war – musste etwa drei Pappeln umsägen. Wegen des warmen Wetters waren die Saftströme schon früh in Gang gekommen. Hatte man eine Pappel gefällt, quoll das Wasser aus der Schnittstelle und floss den Stamm herunter. Am Eingang des Waldstücks stand ein Schild: AUSZUBILDENDE BEI DER ARBEIT.

Aber niemand ließ sich blicken. Es war ein schöner Tag. Wir hatten Proviant dabei, wir schwitzten und lachten, und wir haben alle bestanden. Außer der arme Junge in Vollzeitausbildung. Er hatte das Pech, dass eine seiner Pappeln an einem noch stehenden Exemplar hängenblieb, und es gelang ihm nicht, sie wieder zu befreien. Pelle hieß er, das weiß ich noch. In den Wochen darauf haben wir uns – alle äußerst zufrieden mit unseren Diplomen – ständig über ihn lustig gemacht.

Zwei Jahre später saß ich in der Talkshow *Pauw & Witteman*. Gegen die Aufregung hatte ich einen ordentlichen Schluck Whisky bekommen, Frans Timmermans hatte sich neben mich gesetzt in der liebenswürdigen Absicht, mich zu beruhigen, und Ilse DeLange zwinkerte mir ein ums andere Mal ermutigend über den Tisch hinweg zu. Und weil es Fernsehleute immer schwierig finden, über Bücher zu reden, hatte man mich vorab gebeten, ihnen ein paar Fotos zuzuschicken. Damit man etwas hat, worüber es sich reden lässt, sollte das Gespräch über Literatur ins Stocken geraten. Eines der Fotos zeigte mich in meiner Kettensägen-

Montur neben einer gefällten Pappel. Was ich da machte, wollte Paul Witteman wissen. »Ich habe da gerade eine Pappel gefällt«, antwortete ich. Und zwar wahrheitsgemäß. Aber dann sagte ich etwas, wofür ich noch monatelang ausgelacht wurde. »Aus dem Baum spritzten bestimmt hunderte Liter Wasser!« Ach, die Aufregung. Der Whisky. Frans Timmermans warm an meine Schulter gelehnt. Ilse DeLanges Mund, der immer und ewig auf Lächeln gestellt war.

Bluten. So heißt der offizielle Begriff für den Wasserverlust. Ziemlich anthropomorph. Für den Baum ist das keine Katastrophe, daran wird er nicht sterben (obwohl die von uns gefällten Pappeln natürlich doch starben, weil wir den gesamten Baum umgesägt hatten. Aber Pappeln versuchen oft noch jahrelang, aus dem Baumstumpf erneut auszutreiben). In fast allen Baumbüchern wird geraten, bestimmte Bäume nicht im Frühjahr zurückzuschneiden. Wegen dieses »Blutens«: Der im Saft enthaltene Zucker führt leicht zu Schimmelinfektionen. Ahorn, Birke, Feldahorn, Hainbuche und Walnussbaum. Die sollte man am besten im Spätsommer oder Frühherbst stutzen. Das ist sowieso die günstigste Zeit, um Bäume zurückzuschneiden, immerhin kann man dann zumindest sehen, was man schneidet, denn die Blätter sind da noch an den Ästen. Man kann ordentlicher arbeiten und schauen, ob die Form erhalten bleibt. Und genau wie beim Heckenschneiden immer wieder ein Stück zurücktreten, um zu erkennen, ob es gut wird, denn das kann man nicht, wenn man mit der Nase mittendrin steckt. Die Form eines Baums oder Strauchs entgeht einem, wenn man kahle Äste zurechtstutzt.

Je schneller ein Baum wächst, umso weicher ist sein Holz. Pappeln-, Fichten- und Weidenholz ist sehr weich. Fichtenholz bezeichnet man auch gerne als »minderwertiges Holz«. Steckt man es in den Brennofen, muss man ihn ständig weiter füttern.

Kiefernholz ist etwas beständiger, eine Kiefer wächst auch langsamer als eine Fichte und eine Lärche noch langsamer. Eichenholz ist sehr hart, besonders das Holz der Steineiche. Deshalb bin ich sehr froh über meinen neuen Holzlieferanten: Der liefert nur Eichenholz, und das brennt schön lange. Ich muss ihn dringend anrufen, der Winter steht vor der Tür. Er ist der Großneffe meines alten Holzlieferanten, sie heißen beide Arnoldi.

Der alte Arnoldi aus Schleid ist 80 und hat letztes Jahr beschlossen aufzuhören. Unter anderem, weil da oben in Schleid der Wind immer so stark weht und es meist kalt ist. Mir, in meinem warmen Tal, hat er gerne Holz gebracht. So gerne, dass er, wenn wir dienstags um zwei Uhr vereinbart hatten, schon montags um zwölf Uhr mit seinem Traktor und dem Anhänger voller Holz vor der Tür stand.

Ich habe in meinem Garten ein Schneideprojekt, das ich schon seit einer Weile aufschiebe. An der nach Westen gelegenen Rückseite meines Hauses steht ein Buchsbaum. Er ragt inzwischen über das Dach, auch weil der Hügel dort fast bis zur Regenrinne reicht. Als ich das Haus zum ersten Mal gesehen habe, ist mir dieser Baum sofort ins Auge gesprungen. Es kommt selten vor, dass ein Buchs zu einem Baum heranwächst. Anhand des Stammumfangs habe ich einmal ausgerechnet, dass er älter als hundert Jahre sein muss. Ich hänge an dem Baum. Er ist immer grün und sorgt für den einzigen Schatten im Garten hinter dem Haus. Er fungiert außerdem als Schutzschild: Vom Weg aus kann man seinetwegen nicht in den Garten hineinschauen. Auch die Rehe mögen ihn: Liegt Schnee, sind ihre Hufabdrücke auf dem schiefen Dach zu sehen. Diese Seite des Buchsbaums muss ich nie stutzen.

Buxus ist ein sehr langsam wachsender Baum, sein Holz ist steinhart. Vor zwei Jahren im Sommer ging es ihm schlecht. Er hatte verdorrte Stellen. Letzten Sommer wurde es noch schlimmer. Schwierig, wenn nicht unmöglich, zu beurteilen, was die Ursache dafür sein kann. Die beiden Frühlinge und ein Teil des Sommers waren sehr trocken. Buchsbaum-Schimmel scheint es nicht zu sein. Ich habe versucht, Leute ausfindig zu machen, die sich mit alten Buchsbäumen auskennen, doch das wollte nicht gelingen, es gibt sie kaum, genau wie Buchsbäume.

Mit anderen Bäumen habe ich keine Schwierigkeiten: Ich setze die Säge an und gehe davon aus, dass sie weiterwachsen. Das ist der Vorteil des Gärtners im eigenen Garten. Der traut sich, alles rabiat wegzusägen oder zurückzuschneiden, und meist gedeiht ein Baum oder Strauch danach schöner als zuvor. Manchmal aber stirbt der Baum oder Strauch. Dann pflanzt man einfach etwas Neues, oder man versucht den Gärtner dazu zu bewegen, ein neues Exemplar zu liefern, einen kostenlosen Ersatz für den vorigen Baum oder Strauch. Mit etwas Glück kriegt man das hin.

Komischerweise fürchte ich mich vor dem drastischen Zurückschnitt bei meinem Buchs. Warum? Teils, weil ich ihn nicht verlieren möchte, teils, weil mir klar ist, dass ein Buchsbaum in einem Garten sehr ungewöhnlich ist und ich noch nie die Säge ohne nachzudenken an einen solchen Baum gesetzt habe. Trotzdem dachte ich vor ein paar Wochen: Jetzt. Ich habe mich tüchtig ausgelebt, und der Baum – der eigentlich eine dichte Krone hatte – sieht nun etwas ramponiert aus. Ich habe ihn nicht bis auf die Knochen zurückgeschnitten, das habe ich mich nicht getraut. Erst einmal abwarten, wie er diesen Anschlag übersteht. Das erfahre ich allerdings erst im nächsten Sommer. Wie blöd das auch ist, doch manche Gartenangelegenheiten erfordern Zeit. Ach, könnte mein Buchs nur twittern! Aber so richtig, nicht wie die Bäume in Wageningen, Gent und Britz, die die Arbeit den Wissenschaftlern überlassen.

KAUM NOCH INSEKTEN

Ende Oktober. Aufregung. So viel Aufregung, dass die Talkshow *De Wereld Draait Door* zwei Mitarbeiter der Radboud Universiteit Nijmegen eingeladen hat. Was ist passiert? Eine deutsche Studie hat gezeigt, dass in den vergangenen 30 Jahren die gesamte Insektenpopulation um 75 Prozent geschrumpft ist. Genauer gesagt: Drei Viertel aller Insekten sind verschwunden. Aus dem Gespräch geht nicht hervor, welche Insektenarten am stärksten betroffen sind. Anders ausgedrückt: Es gibt keine Differenzierung. Die Deutschen haben 27 Jahre lang Insekten mit Fallen gefangen und die Ausbeute gewogen. So sind sie dahintergekommen. Dies ist ein erster wichtiger Punkt, man weiß nicht, ob es sich um Mücken, Bienen, Schmetterlinge oder Libellen handelt. Natürlich wäre es wichtig, das zu wissen, aber dazu gibt es ja vielleicht bald eine Folgestudie.

Die Frage, die man sich stellen könnte, habe ich schon einmal formuliert: Ist das so schlimm? Anscheinend nicht, denn bis zum heutigen Tag ist die Nahrungskette nicht unterbrochen. Kirschbäume blühen, Äpfel werden gepflückt und Erdbeeren gegessen. Ich lebe in Deutschland und habe in den vergangenen fünf Jahren nicht den Eindruck gehabt, dass beispielsweise die Zahl der Rauch- und Mehlschwalben abgenommen hat. Und auf der Weide auf dem Hügel hinter meinem Haus fliegen, anders als in den Niederlanden, sehr viele Lerchen in den Himmel auf, wodurch ihr Gesang langsam erstirbt, um etwas später – wenn sie wieder herunterkommen – erneut an Kraft zu gewinnen. Man sollte doch meinen, auch deren Population hätte abgenommen, weil sie 75 Prozent weniger Nahrung finden.

Mir ist aufgefallen, dass während des Gesprächs mit den beiden Wissenschaftlern der Radboud Universiteit niemand diese Frage gestellt hat: Ist das so schlimm? Der Rapper Ali B saß mit am Tisch und machte ab und zu eine freche Bemerkung. Er sagt immer alles, was ihm gerade einfällt, und unterscheidet sich dadurch erheblich von den anderen Tischherren und –damen. Aber auch er brachte die Frage nicht auf. Natürlich wurde über die Ursachen gesprochen. Der Punkt ist, dass die Messstationen – 63 an der Zahl – alle in Naturschutzgebieten lagen. In Naturschutzgebieten werden keine Unkrautbekämpfungsmittel eingesetzt. Aber darum herum werden Pflanzen gezüchtet und bestimmt auch gespritzt.

Einer der Akademiker weigerte sich verständlicherweise, über mögliche Gründe zu spekulieren. Diese sind nämlich nicht bekannt. Das einzig Bekannte ist, dass drei Viertel aller Insekten nicht mehr in diesen Gebieten anzutreffen sind. In der *Trouw* war der deutsche Biologe Caspar Hallmann weniger vorsichtig: »Was übrig bleibt [da der Rückgang nicht durch örtliche Veränderungen wie Bodennutzung, Wetterumschwünge und Landschaftspflege erklärt werden kann, GB], ist die Umweltverschmutzung und der Einsatz von Pestiziden. Wir können den Rückgang nicht direkt auf diese Faktoren zurückführen, aber wir nehmen es stark an.«

Ich meine, man sollte exakt und sorgfältig sein. Exaktheit ist äußerst wichtig, gerade heute, in einer Zeit, in der alle einander den ganzen Tag über, in welchem sozialen Netzwerk auch immer, mit Argumenten und Gegenargumenten bombardieren und Schulkinder durch das Erfinden von Fakenews lernen sollen, diese von echten Nachrichten zu unterscheiden. Ein paar Tage nach dem Beitrag in der *Trouw* erschien in derselben Zeitung ein ganzseitiger Artikel über die dramatische Abnahme der Biodiversität. Wieder etwas später ein Petitionsaufruf *Sicherheitsstufe 1 für die Natur – Stoppt den Rückgang der Biodiversität*. Der Zeitungsartikel und die Petition waren eine direkte Folge oder Fortsetzung der Insektenstudie. Obwohl aus ihr doch gerade hervorging, dass sie nicht differenziert war. Wie kommt man nur auf Basis einer Studie, in der gerade nicht untersucht wurde, wie viele und welche Arten verschwinden, zu dem Schluss, dass die Biodiversität – der Grad der Vielfalt an Lebensformen innerhalb des Ökosystems – abnimmt?

Ist es nicht einfach so, dass es absurd viele Insekten gibt und es nichts ausmacht, wenn drei Viertel von ihnen nicht mehr da sind? Niemand weiß genau, wie viele Insekten oder wie viele Arten auf der Welt existieren, wahrscheinlich, weil die Anzahl derart überwältigend ist. Biologen verbrennen sich nicht die Finger daran. Außerdem sind Insekten nicht die beliebtesten Streicheltiere. Eine Million Arten sind beschrieben, vermutlich sind noch (unendlich viel) mehr nicht beschrieben. Unbekannt. Zum Vergleich: Es gibt ungefähr 5500 Säugetierarten. Insekten machen 80 Prozent der Gesamtzahl an Tierarten auf der Erde aus. Wahrscheinlich ebbt die Aufregung in einem Jahr oder möglicherweise bei Erscheinen dieses Buchs bereits wieder ab. Ich kann mir nicht helfen, aber ich muss dabei an den sauren Regen denken.

Anfang der achtziger Jahre des vergangenen Jahrhunderts. Der deutsche Bodenkundler Bernhard Ulrich führte den Terminus *Das große Waldsterben* ein. Er entdeckte, dass der Waldboden im Erzgebirge stark übersäuert war und dass die Bäume – vor allem Fichten – deshalb eingingen. Als Ursache galt die Luftverschmutzung. Abgase von Autos, Flugzeugen und Fabriken. Ulrich prophezeite einen dramatischen Anstieg des Waldsterbens.

Man nahm ihn ernst. Der ehemalige niederländische Umweltminister Pieter Winsemius machte einen Ausflug zur Veluwe. Bewaffnet mit einem Regenschirm, der ihn gegen den sauren Regen schützen sollte. Ein Provinzbeamter aus Nordholland sagte: »Wer im Regen spazieren geht, braucht bald ein Toupet.« Ein Horror-szenario, Angst und Unsicherheit bei der Bevölkerung. Es wurden Gegenmaßnahmen eingeführt. Der Ausstoß von Schwefeldioxid, Stickstoffoxid und Ammoniak sollte drastisch gedrosselt werden.

Das große Waldsterben ist ausgeblieben. Der angsteinflößen-de Begriff saurer Regen ist aus unserem Wortschatz verschwun-den. 1995 schrieb Bernhard Ulrich noch einen Artikel. »*The history and possible causes of forest decline in Central Europe, with particular attention to the German situation*«. Darin kam er auf sein frühe-res Horrorszenario zurück: »*Forest ecosystems are in transition. The current state of knowledge is not sufficient to define precisely the final state that will be reached, given continuously changing environmental conditions and human impacts. The hypothesis, however, of large-scale forest dieback in the near future is not backed by data and can be dis-carded.*«

Genau das ist das Problem mit solchen Studien. Sie sind vor-schnell: Man kann nicht den einen Wald zehn Jahre lang Auspuff-gasen aussetzen und den Wald nebendran nicht. Es gibt keinen Vergleich, keinen Kontrollwald, keinen Placebo-Wald. Man kann doch nicht 20 Jahre lang – wegen einer Studie über die Klimaer-wärmung – keinen einzigen CO_2-Ausstoß zulassen, um dahinter-zukommen, ob das eine heilende Wirkung auf die Erde hat, denn so setzen wir erst recht unsere Existenz aufs Spiel. Gewiss, es wird Leute geben, die in den Bestrebungen, Schadstoffe zu vermeiden, den Beweis sehen, dass Luftverschmutzung tatsächlich die Ursa-che für den sauren Regen gewesen ist. Die sagen: Schau, A und B, und deswegen C. Aber das kann niemand wissen. Jedenfalls nicht mit Sicherheit. Wer kennt schon die Selbstheilungskräfte des Ökosystems? Wie misst man die? Und genau deshalb veröf-fentlichte Ulrich 1995 diesen Artikel: Er musste wegen zu geringer Beweislast seine eigene Theorie verwerfen.

Aber wie sollen Wissenschaftler denn nun die Gründe des enormen Insektensterbens untersuchen? Ich habe keine Ahnung, ich bin kein Biologe, aber es scheint mir eine gewaltige Aufgabe zu sein. Vielleicht sollten sie sich besser auf die Auswirkungen des Sterbens konzentrieren. Denn die gibt es ja offenbar – trotz dem, was ich über die Kirschblüten und die unzähligen Mehlschwalben geschrieben habe. Caspar Hallmann publizierte vor drei Jahren eine Studie über den Rückgang des Stars, der Feldlerchen, Rauchschwalben, der Feldsperlinge und anderer Vögel, die vornehmlich Insekten fressen. Auch hier gilt anscheinend: Schau, A und B, und deswegen C. Doch das riesengroße Problem bei wissenschaftlichen Studien, die etwas mit »der Natur« zu tun haben, ist die Natur selbst. Ihre Unvorhersagbarkeit. Ihre Großartigkeit, die vielen Eiszeiten und die warmen Perioden dazwischen. Die Natur geht ihren eigenen Weg, was wir Menschlein auch davon halten mögen, wie sehr wir sie auch zu steuern versuchen. Natur vermag sich zu erholen, und daran kann niemand rühren. Eine Wehrhaftigkeit sondergleichen. Und hier handelt es sich nur um »unsere« Natur, aber wir haben verdammt noch mal auch noch das Weltall, die Sonnenstürme, Meteoriten und Kometen, schwarzen Löcher, Supernovas und unzähligen Milchstraßen, im Vergleich zu denen unsere Erde nur ein Sandkorn in einer immensen Wüste ist.

Ich versuche so wenig wie möglich darüber nachzudenken. Das habe ich auch früher nie getan, selbst dann nicht, wenn ich um drei Uhr nachts aus der Kneipe in Schagen kam und gegen die Scheune pinkelte. Ich pinkelte gegen ein schwarzes Stück Materie mit warm atmenden Kühen dahinter, und das Einzige, was ich sah, wenn ich nach oben schaute, waren Milliarden Sterne, die sich um nichts kümmerten. Ziemlich bedrohlich. Mehrmals fiel ich sogar um. Doch das kam von den zwei Gläsern zu viel, Kräuterschnaps mit Orangensaft. Nie aber blieb ich liegen, um dieses mächtige Schauspiel einmal wirklich in mich aufzunehmen.

Gut wird es nicht sein, dass in so kurzer Zeit so viele Insekten verschwunden sind. Und diese Dreckspestizide – kann man die nicht endlich einmal durch etwas Besseres ersetzen? (Das wurde natürlich schon getan: In den siebziger Jahren des vorherigen Jahrhunderts hat man DDT verboten, aber bis zum heutigen Tag wird stattdessen ein Mittel eingesetzt, von dem der amerikanische Chemiekonzern Monsanto behauptet (ich fürchte, dass er nicht zufällig in den siebziger Jahren Roundup auf den Markt gebracht hat), es sei nicht schlimm, egal wie viele Studien mit dem Ergebnis erstellt wurden, dass es das doch ist. Und wer hat Recht? Als Laie kann ich das unmöglich entscheiden.) Und bevor die Leser denken, dass mich die Natur und die Umwelt völlig kalt lassen, dass ich ein Nach-mir-die-Sintflut-Typ bin, möchte ich hier noch berichten, dass ich, in meinem Sommer als Anstreicher, immer versucht habe, die Spinnen zu retten, die in meinen Farbtopf gefallen waren. Unter Lebensgefahr – vier Meter über dem Boden, die Hände von der Holz- oder Aluminiumleiter gelöst – und wider besseres Wissen, das ist mir jetzt auch klar, aber ich habe trotzdem den Versuch gewagt.

Spricht hieraus wieder das schon zuvor von mir erwähnte mangelnde Mitleid mit uns selbst? Ich vermute, ja.

SCHAFSKOPF AUF GLEICHER HÖHE

Pancho ist weg. Zwei braun gebrannte junge Frauen haben ihn abgeholt, eine der beiden war sein Frauchen. Irgendwie war es komisch und irgendwie auch ein bisschen schade: Der Hund hatte keine Wahl. Doch er wusste nicht mehr, wem seine Loyalität gelten sollte. Er gab sich zwar seinem Frauchen gegenüber freudig, schmiegte sich aber ständig wieder an mein Bein. Er war völlig verwirrt. Rührend, so rührend, dass ich an mich halten musste, um nicht zu sagen: »Vielleicht wäre es besser, wenn er hierbleibt.« Innerhalb von ein paar Wochen gewöhnt man sich doch an so ein Tier.

Ich gehe also nicht mehr spazieren. Obwohl ich wieder gut laufen kann, denn anscheinend hatte ich doch keinen Fersensporn. Die schmerzende Ferse war die Folge eines Beinahe-Treppensturzes. Ich sitze im Schreibzimmer und starre die Reihe turmhoher Buchen an, die schräg gegenüber an der Straße stehen, direkt vor dem Haus von Klaus und Monika. Die Blätter sind noch dran, prachtvoll gelb sind sie, während die Mirabelle, der Birnbaum und die Eberesche auf meinem Grundstück bereits kahl sind. Herbst. Ich mag den Herbst. Früher auch schon, ganz besonders in der Zeit, als ich noch Schlittschuh lief. Wenn sich die Blätter gelb und rot färbten, öffnete die Eisbahn. Und wenn das geschah, war ich wohl so etwas wie glücklich. Fünfeinhalb Monate lang. Jedenfalls hing ich – wie meine Mutter immer sagte – »nicht mehr auf der Straße herum«. Das ist gut, nicht auf der Straße herumzuhängen, denn dann hat man keine Zeit mehr, sich zu langweilen oder dummes Zeug anzustellen. Und Schlittschuhlaufen, noch so ein geflügeltes Wort meiner Mutter, ist ein »unschuldiges Vergnügen«. Auch das wieder im Gegensatz zu eventuellen schlechten Vergnügungen, wie sich zu betrinken oder Bushaltestellen zu demolieren. Jetzt öffnet die Eisbahn erneut, nur laufe ich nicht mehr Schlittschuh. Trotzdem mag ich den Herbst.

Kürzlich konnte ich endlich etwas Tolles twittern (ich bin ein schlechter Twitterer, nicht schlagfertig genug, nicht schnell genug): *Eine der stellvertretenden Ministerpräsidentinnen kann super Schlittschuh laufen, ich habe ihr zwei Winter lang Unterricht gegeben.* Erst später bemerkte ich, dass dieser Tweet ziemlich aufgeblasen klang. *Ich* habe sie unterrichtet und niemand anders.

Zurück zu den Buchen. Scheint jetzt die Sonne, lässt sie sich erst am Nachmittag in meinem Garten blicken. Die Bäume sind so hoch, dass die Sonne dahinter vorbeiwandert. Überall werden solche Bäume am Straßenrand gefällt. An der Straße nach Bitburg, an der Straße nach Prüm. Sie sind zu groß, zu gefährlich, die Straße bleibt zu nass. Hier aber nicht. Die Bäume stehen nicht auf Gemeindeboden, und niemand weiß, wem sie gehören. Ich habe mich mit Nachbar Klaus darüber unterhalten. Seine und Nachbarin Monikas Küche ist immer duster, selbst im Juli. Es wäre nicht verkehrt, die Buchen zu kappen. Aber, wie gesagt, es ist fast unmöglich dahinterzukommen, wer von der Familie noch übrig ist, die irgendwann an der Ecke L5 und L33 – 30 Meter weiter – ein Haus besaß. (Wenn ein L vor einer Straßennummer steht, weiß man, dass es sich um eine Landesstraße handelt, die nennen wir in den Niederlanden, glaube ich, *provinciale weg*.) Jedenfalls sagt der ehemalige Ortsbürgermeister Ernst Görgen dies, Nachbar Max sagt das, und Theo aus Nimshuscheidermühle sagt wieder etwas anderes.

Es ist ein großes Grundstück, auf dem die Buchen stehen, mit einem kleinen Wald und einer Weide mit diesen komischen, dicken weichen Hubbeln, weil dort nie gemäht wird. Regelmäßig überqueren Rehe die Weide. Ich habe einmal zivilen Ungehorsam geübt, indem ich einen Windschutz an der Weide, bestehend aus einigen Bäumen, umgesägt habe, damit ich von der hohen Terrasse aus ein wenig mehr Aussicht genießen konnte. Ich tat das mit einer Kettensäge (Nachbar Klaus und Teilzeitnachbar Hansi ermutigten mich lauthals von der Straße aus), aber es ist unmöglich, die Buchen auf eigene Faust zu fällen, manche haben einen Stammumfang von knapp zwei Metern, und eine würde bestimmt, trotz eines sorgfältig angelegten Fallkerbs, auf das Hausdach von Klaus und Monika fallen. Das passiert hier andauernd. Ich sehe noch den Kirschbaum vor mir – auch mit einem an der richtigen Stelle gesägten Fallkerb und Gartenkumpel Han, der in der richtigen Position an einem Seil zog –, wie er knapp an der Vogelfutterstation vorbeirauschte, obwohl er meterweit entfernt hätte landen sollen. Ich habe zwar ein Kettensäge-Examen bestanden, aber mein Können scheint sich im Laufe der Jahre verflüchtigt zu haben.

Ab und zu fällt es mir ein, und dann denke ich: Es müsste doch möglich sein, die Besitzer des Grundstücks ausfindig zu machen? Irgendwann habe ich einmal achtlos einen Namen auf einem abgerissenen Stückchen Zeitungspapier notiert. Einen Namen und eine Telefonnummer. Aber solche Papierfetzen gehen im Durcheinander verloren. Anscheinend werde ich von den Buchen nicht genügend »geplagt«, um deshalb zum Telefonhörer zu greifen und einen fremden deutschen Menschen anzurufen. Nicht nur das, irgendjemand müsste die Sache in die Hand nehmen. Jemand müsste – von mir, Nachbar Klaus oder von uns beiden – angeheuert werden, um diese Buchen zu fällen. Das dürfte allerdings nicht allzu teuer werden, wenn der Holzfäller das Holz behalten darf – hunderte Kubikmeter bestes Brennholz.

Es ist nur so eine Idee, ein Plan, der in der Luft schwebt, den ich im Hinterkopf habe, der in der Schublade liegt. Irgendwann einmal. Irgendwann ist es so weit, wahrscheinlich nachdem eine der Buchen vom Sturm umgeweht wird. Für Klaus und Monika kann ich nur hoffen, dass der Wind dann aus Norden kommt.

Manchmal laufe ich übrigens doch noch Schlittschuh, aber nur auf Natureis. *Natureis*: natürliches Eis und Schlittschuhlaufen in der Natur. Früher haben wir die Nasen gerümpft, denn Natureis ist fatal für die eigene Technik und das teure Material. Allein die Vorstellung, dass man mit den neuen, 1000 Gulden teuren Klappschlittschuhen an einer Rille hängenbleiben könnte! Heute macht es mir Spaß. Das Schönste an Natureis ist, dass man an Orte kommt, die man sonst nie zu sehen kriegt. Man entdeckt die Welt von einer anderen, unbekannten Seite. Kein wütender Förster hindert einen daran, durch die ansonsten verbotenen Oostvaardersplassen zu laufen, man gleitet an Gärten in hübschen nordholländischen Dörfern wie Graft und De Rijp vorbei, von denen man ohne Frost nur die Vorgärten kennen würde. Man ist immerzu überraschend niedriger als üblich: Die Straße beginnt bei der Taille, ein Baum an den Hüften, ein Schafskopf befindet sich auf gleicher Höhe mit dem eigenen Kopf, und wenn man wirklich tief läuft, sieht man nur Ufer oder Schilf, hört nichts außer dem Kratzen der Kufen.

Ich habe nie eindeutig feststellen können, ob die gemütliche Atmosphäre, die Freundlichkeit und Offenheit der Leute vom gemeinsamen Schlittschuhlaufen kommen oder vom gemeinsamen Draußensein. Beides wahrscheinlich, obwohl »Gemütlichkeit« ganz allgemein zum Schlittschuhlaufen gehört. Denn wer hat je von einer Schlägerei oder von Sachbeschädigungen während einer Eisschnelllauf-WM gelesen oder gehört? Will man Aggressionen oder ungehöriges Betragen, schaut man doch Fußball.

Schlittschuhlaufen war und ist für mich immer häufiger mit

Wehmut verbunden. Und komischerweise fast immer auch mit Tieren. Tiere und Grün, selbst wenn man überdacht läuft.

12. Februar 2012. Am Wegesrand lagen Menschen mit gebrochenen Gliedmaßen. Manche mit offenen Augen, andere mit geschlossenen. Zu Abertausenden staksten Leute unbeholfen in dieselbe Richtung, sahen kurz zur Seite, staksten dann weiter, träumten in aller Unschuld von Brücken, unter denen man gut hindurchkommt. Die Eilandspolder-Tour. Morgen vielleicht nichts mehr, Montag schon gar nicht. Vorwärts! Jetzt! Schafe käuten unbeirrbar das Silofutter wieder. Bewohner von De Rijp, Noordeinde und Graftdijk hatten Buden aufgebaut und verdienten großes Geld. Wasser schwappte schon über das Eis, Risse wurden zu Rinnen, Rinnen zu Spalten. Ich erblickte ein paar Bosman-Mühlen, aber Schlittschuhkumpel J. sahen wir nicht. Er war auf Schlittschuhen aus Broek gekommen, und nachdem er gemeldet hatte, dass er in De Rijp war, und ich ihm »Nach Schermerhorn!« gesimst hatte, rief er an, um zu erzählen, dass er aus Versehen nach Driehuizen gelaufen war, in die entgegengesetzte Richtung. Schlittschuhkumpel S. endete mit blutigem Kopf, denn er war über eine Frau gestolpert, die sich etwas gebrochen hatte. Für 35 lausige Kilometer brauchten wir knapp drei Stunden. Das Wetter war schön, greller Sonnenschein, drei Grad unter null, schwacher Ostwind.

Danach fuhren mein kleiner Bruder und ich mit dem Auto nach De Pishoek. Dort gab es prachtvolles schwarzes Eis, und wir waren allein. Wir glitten entlang des Kanals De Boezem nach Wieringerwaard. Keine einzige Rille, dafür Hasenspuren auf den verschneiten Flächen. Neffe J. hatte sich uns angeschlossen und versuchte, mit uns mitzuhalten, er trug keine Handschuhe. »Nicht so kratzen!«, riefen mein Bruder und ich ihm über die Schulter zu. Mich überwältigte große Wehmut. Ich möchte nicht von Wehmut überwältigt werden. Ich möchte nicht bei allem, was ich sehe oder rieche, an früher denken müssen. Ein Foto nach dem anderen knipste ich, mit der Sony Cybershot. Ich versteckte mich geradezu hinter diesem Apparat, sah den Wasserturm in einem anderen Licht, die Sonne ging dazu noch blutrot unter, aber das nützte nichts. Wehmut. Wechselhaftigkeit.

Das letzte Stück ging es Richtung Osten. Es war schon fast dunkel. Jetzt hatte ich doch wieder Lust auf Tauwetter. Tauwetter, und am besten ein bisschen plötzlich.

4. November 2011. Am Abend auf die Eisbahn. Immer noch mit den RAPS-Schlittschuhen, die ich vor etwa 15 Jahren gekauft habe. Die ersten Klappschlittschuhe, und es werden auch die einzigen bleiben. Sie gehen einfach nicht kaputt. Nicht, dass da noch viel Eisen dran wäre, nach dem jahrelangen Schleifen und Rundendrehen, aber kaputt gehen sie nicht, nein. Es war unerhört warm, die eine Seite der Eisbahn war nass, die andere beschlagen. Ein paar Leute kannte ich aus der Zeit, als ich noch richtig Schlittschuh gelaufen war, andere kannte ich nicht, obwohl ich ihnen jahrein, jahraus begegne. Es gibt kein Entkommen. Ich stand viel da, schaute mich um, betrachtete die Kiefern am Rand der Bahn, die hier bestimmt schon 50 Jahre lang stehen, die Cafeteria, die großen Lampen, den hübschen Trainer der Eislaufschule Duosport, die Flugzeuge mit ihren roten und weißen Lämpchen, das Häuschen des Wettkampfbüros. Manchmal ging ich sehr tief in die Hocke und drehte drei Runden, den Anfängern ausweichend. Das mache ich schon fast 25 Jahre lang: Anfängern ausweichen, manchmal schiebe ich sogar Leute in einer Kurve zur Seite. Das geht: Ich packe sie und stelle sie ein Stückchen weiter wieder ab.

Nach drei Runden war es vorbei, ich schaute mich aufs Neue um und dachte darüber nach, weshalb ich mir nichts mehr daraus machte. Sehnsucht nach einer Zeit, in der ich die ganze Woche leichten Muskelkater, dicke, schwere Beine und Streit hatte, mit

Leuten, die mich fragten, ob ich »schön meinem Hobby« gefrönt habe. Eigentlich wollte ich runter vom Eis, doch ich ging wieder tief in die Hocke und drehte noch drei Runden. Nicht mehr, nicht weniger. Außerdem bin ich eine Kurve gefahren, 200 Meter in immer höherem Tempo, angesetzt am nassen rechten Ende, wo der Wind von vorne kam. Keine Anspannung mehr, keine Aufregung, kein unstillbares Verlangen, schneller zu werden. Vermutlich lag das gar nicht am Schlittschuhlaufen selbst, sondern an diesem Ort. Es gibt Orte, an die man sein ganzes Leben lang kommen kann, es gibt Orte, an denen die Melancholie gewonnen hat. Dieser Ort hier, und natürlich die alten Schuhe, die nicht kaputt gehen wollen, mit ihren paar Millimetern Eisen.

12. März 1996. Heerenveen, der letzte Wettkampf. Die Bahn in Amsterdam ist schon seit zwei Wochen geschlossen. Draußen scheint die Sonne, kommen die Wiesenvögel allmählich zurück. Der Wassergraben zwischen Eisbahn und Bahndamm dampft. Drinnen geht es wie gewöhnlich zu, es läuft gut oder nicht gut. Zuschauer feuern mich lauthals auf den fünf Kilometern an, der Trainer schreit: »Hör endlich auf, schön zu laufen!« Und dann ist danach noch etwas Zeit, können noch ein paar fünfhundert Meter mit Quartettstart gelaufen werden. Wer will? Na, ich. Ohne nachzudenken, fahre ich, mit einer letzten Innenkurve, 41,92. Ich habe hier – unter freiem Himmel – noch Chlebnikow gesehen, das ist bestimmt 15 Jahre her. Der Mann hatte Oberschenkel so rund und prall wie Autoskooter. Er ist auf der Eisbahn in Medeo die 1000 Meter in 1:13,16 gelaufen, zwei Mal, mit Rückenwind. Zu Hause in der Schublade liegt ein Heft mit dem Autogramm von Guljajew, damals noch ein unbekannter Reserveläufer. Danach ist es Zeit, vorm Eingang drücken sich die Freizeitsportler herum. Schlittschuhe werden getrocknet, flaschenweise Energydrinks getrunken.

Die anderen steigen ins Auto und fahren davon. Ich radle zum Langwarderdyk, allein. Unsagbar traurig und gleichzeitig erwartungsvoll. Leere, von der Wärme. Auch im Kopf. Die warme Sonne auf den noch kahlen Ästen, ein paar Narzissen am Fuße eines Baumstamms, drei Lämmchen auf der Wiese neben einem Stall. Menschen, die im Garten arbeiten, nie Schlittschuh gelaufen sind, nichts wissen vom letzten Tag. Trotz der Wärme haben sie nicht das Gefühl, dass der Sommer da ist, keine Blätter, keine Blumen. Ein endloser Sommer, bevor es endlich wieder Richtung Oktober geht.

Ich sehe Guljajew vor mir, Locken hatte er damals, und gleichzeitig einen staubigen Sandpfad in der Taiga, eine weiße Ziege an einem Seil, in einem perfekt abgerupften kahlen Kreis im Gras. Russische Blümchenvorhänge, die sacht hin und her wehen. Der Eisläufer auf einem schlichten Bett. Er winkt und sagt: »Komm, lass uns hier gemeinsam den Sommer verbringen.« Durch das Gekreische der Mauersegler ist er schwer zu verstehen. Die Vorhänge wehen hin und her. Ich schaue mich um, verwirrt durch den Gedanken an Mauersegler. Nein, es ist Mitte März. Bald erst Ende April.

MAUERSEGLER ALS SYNCHRONSPRECHER

Mauersegler sind die Vögel, die in Filmen und Fernsehserien am häufigsten fehlbesetzt werden. Aus irgendeinem Grund finden Filmemacher die Laute, die Mauersegler von sich geben, befriedigend, schöner noch als den Gesang anderer Vögel. Was sie – und mit »sie« meine ich außer dem Regisseur auch alle anderen, die an der Entstehung eines Films beteiligt sind – dabei übersehen, ist, dass die Vögel nur ungefähr hundert Tage im Sommerland verbringen. So beschrieb ich in *Jasper und sein Knecht* den 11. Mai 2015 als einen Tag, an dem ich ziemlich verwirrt war, weil ich in einer Folge von *Polizeiruf 110*, die im Herbst spielt, Mauersegler hörte und dachte, sie wirklich, also draußen, zu hören. Denn es war bereits höchste Zeit für die Mauersegler. Und die Verwirrung wurde noch dadurch verstärkt, dass die Laute in dem Film falsch eingesetzt wurden. Doppelte Verwirrung.

Es gibt so viele Filme und Fernsehserien, in denen Mauersegler in der vollkommen falschen Jahreszeit herumzwitschern. Ich führe keine Listen, kann also nicht einfach zwei oder drei Beispiele nennen, ich weiß aber, dass das auch in der ersten Staffel von *The Crown* der Fall ist, während diese Netflix-Serie ansonsten außerordentlich gut ist. Für Filme, die südlich des Äquators gedreht wurden, gelten natürlich andere Zeiten, dort haben sie Glück: Die Wahrscheinlichkeit, falsch zu liegen, ist beträchtlich kleiner, da der Mauersegler dort drei Viertel des Jahres lebt.

Ohnehin ist der Einsatz von Vogellauten in Filmen problematisch. Weil man ja nie sicher sein kann, ob man etwas innerhalb des Bildes hört oder außerhalb. Besonders, wenn man sich einen Film tagsüber anschaut. Genau wie Handygeräusche. Wie oft greift man wohl unwillkürlich zum eigenen Handy, wenn man eine Fernsehserie ansieht, in der nicht unmittelbar klar ist, dass der Schauspieler gerade auf seinem Handy angerufen wird?

SORGFALT

Leserbrief in der *Trouw* vom 31. Oktober. Wim van Waardhuizen aus Apeldoorn beschreibt 25 Jahre Urlaub in De Wieden, Overijssel. Erster Satz: »Was Wissenschaftler entdeckt haben, hätten auch wir entdecken können.« Die letzten beiden Sätze: »Schlussfolgerung: Die Wiesenvögel haben in den vergangenen 25 Jahren immer weniger Insekten gefunden und sich daher neue Brutplätze gesucht. Die Wissenschaftler haben Recht.« Bestimmt haben ziemlich viele *Trouw*-Leser bei der Lektüre zustimmend genickt. Das sollten sie besser sein lassen. Sie sollten lieber einen Gegenbrief schreiben, aber diese Aufgabe übernehme ich nur allzu gerne für sie. Ich habe hier schon über Exaktheit und Sorgfalt geschrieben und über die Leichtigkeit, mit der sich heute jeder in den sozialen Netzwerken auslassen kann, wo die Pro- und Kontrastimmen nur so hin- und herfliegen.

Wim van Waardhuizen hat sich genau die falsche Vogelart ausgesucht, um seinen Standpunkt zu erklären. Anlass seines Briefes ist die Studie, die ergab, dass drei Viertel der Insekten ausgestorben sind. »Wiesenvögel« (auch Agrarvögel genannt) ist ein Sammelbegriff für Vögel, die in ausgedehnten, nicht zu feuchten Wiesengebieten brüten. Ein dehnbarer Begriff, im Allgemeinen denkt man bei Wiesenvögeln an Kiebitze, Brachvögel, Rotschenkel, Uferschnepfen, Austernfischer und Bekassinen. Der Kampfläufer gehört auch dazu, aber der Vogel ist fast schon Legende, ein Fabelwesen. 2012 gab es ganze vier Berichte über Kampfläufer, die möglicherweise gebrütet hatten.

Wiesenvögel ernähren sich überwiegend *nicht* von Insekten. Sie essen Würmer, Wasserkäfer, Schnecken, Samen, Spinnen, kleine Fische, Gemeine Herzmuscheln. Und, hopp, ja, sie lassen ein Insekt nicht entkommen, wenn sie es zu packen kriegen, und vor allem Uferschnepfen mögen Schnakenlarven, und kleine Uferschnepfen essen Insekten, doch sind Insekten wahrscheinlich nicht der Grund dafür, dass sich ihre Anzahl reduziert hat.

Leserbrief in der *Trouw* vom 1. November. Paul van Haren aus Rossum reagiert auf den gestrigen Leserbrief. Prima, denke ich, alles wird wohl schnell richtiggestellt. »Wim van Waardhuizen schreibt, dass Wiesenvögel immer weniger Insekten finden und sich andere Brutplätze suchen. Hätten sie das doch bloß getan. Denn sie brüten ja weiterhin in den Niederlanden, obwohl durch den Rückgang der für die Jungtiere so bitter nötigen Insekten der Bruterfolg gleich null ist. Die hochbetagten Vögel ziehen jeden Herbst mit nur einer Handvoll Nachkommen in den Süden.«

Der letzte Satz betrübt mich ein bisschen, was für ein entsetzlich trauriges Bild. Aber richtiggestellt wird hier nichts. Es wird sogar eine neue Ungenauigkeit ins Spiel gebracht: der Herbst. Die Uferschnepfen und Rotschenkel ziehen im Allgemeinen im Juli und August zu ihrem Winterquartier. Ich weiß nicht genau, welche Vögel Paul van Haren aus Rossum im Herbst mit oder ohne Nachwuchs fliegen sieht.

Ein paar Seiten weiter erklärt der Wissenschaftsphilosoph Herman de Regt, wie es sich verhält. Unbeabsichtigt, denn das folgende Zitat stammt aus einem Artikel über die Kapriolen des Gehirns, die festlegen, wie wir Informationen verarbeiten. »Vorurteile kommen durch schlampige Denkarbeit zustande. Unsere Vorurteile behindern uns, weil sie uns zu bestimmten Schlussfolgerungen drängen, die zwar überzeugend erscheinen, aber kaum durch Argumente gestützt werden. Gegen diese unbewusste Beeinflussung müssen wir uns wappnen.«

Dass Wiesenvögel verschwinden, liegt an der Art und Weise, auf die Landwirtschaft betrieben wird. Wie mein Vater sagt: Früher brauchte man zum Mähen einer ein paar Hektar großen Weide einen ganzen Tag. Heute sind wir nach einer Stunde damit fertig. Früher entdeckte man manchmal beim Mähen noch etwas auf dem Boden, man gab Acht, man konnte antizipieren. Heute mäht man wie ein kopfloses Huhn. Und man beginnt auch früher im Jahr damit. In der Vergangenheit hatten junge Uferschnepfen noch die Zeit, im Nest groß zu werden, aufzufliegen oder wegzulaufen, bevor die riesigen Klingen durch das Gras schnitten. Die Intensivierung der Landwirtschaft scheint die Wiesenvögel hart zu treffen. (Ich schreibe absichtlich »scheint«, weil ich, als Laie, nicht über genug Wissen verfüge, um die ganzen Studien zu diesem Thema auf ihren Wert hin zu prüfen.)

Früher begleiteten wir meinen Vater gern, wenn er über sein Land ging, um Kiebitznester mit Pflöcken zu markieren, damit sie dann beim Mähen verschont blieben. Ich unterhielt mich kürzlich mit jemandem darüber, und der sagte sofort: »Na, dann wussten die Füchse ja gleich, wo sie fündig werden!« Darauf blieb ich ihm die Antwort schuldig, seufzte aber tief, und sei es nur deshalb – fiel mir später im Bett ein, als ich mir den Abend noch einmal durch den Kopf gehen ließ –, weil es damals keine Füchse in Wieringerwaard gegeben hat. Es kamen sogar Friesen hierher, in der Hoffnung auf die ersten Kiebitzeier, die man bei uns früher fand als in Friesland.

Vermutlich tauchen auf der Wiese auf dem Hügel hinter meinem Haus in der Eifel deshalb noch so viele Lerchen auf, weil Bauer Becker nur sehr unregelmäßig oder gar nicht mäht. Hier sind sie jedenfalls nicht aus Mangel an Insekten verschwunden. Wiesenvögel sieht man in dieser Gegend nicht. Aber die gab es auch noch nie. Dies ist nicht ihr Biotop.

Die Uferschnepfe wurde 2016 von den Niederländern zum Nationalvogel gewählt. Sie ist zu einem Symbol geworden. Nein, sie wurde zum Symbol gemacht. Sehr gefährlich, genau wie die »Gedenkbäume«. Die sterben, und auch die Uferschnepfe wird über kurz oder lang fort sein. Ich werde die morgige Zeitung gründlich lesen, sollte sich Leserbrief Nummer drei finden, erstatte ich Bericht. Menschen, die mehr über die Uferschnepfe erfahren wollen, empfehle ich *Het Grote Grutto Theater*, ein »Theatererlebnis, bei dem man mitten ins Leben der Uferschnepfe stapft«, die auf Niederländisch *grutto* heißt. Zu sehen im Programm der europäischen Kulturhauptstadt Leeuwarden 2018, von Ende Januar bis Anfang September im Naturkundemuseum Fryslân.

NEUER HUND, ODER DOCH NICHT

Wenn ich in Amsterdam durch die Gegend radle oder laufe, sehe ich viele Hunde und ihre Herrchen, die ich kenne. Manchmal unterhalte ich mich mit einigen von ihnen, häufiger jedoch betrachte ich den Hund und denke an Jasper. An Jasper und den fraglichen Hund. An Jasper und mich, spazierengehend, ganz selbstverständlich, und an das andere Herrchen, ebenso selbstverständlich. Nun gibt es nur noch den anderen Hund, was mich erstaunt. Wie kann das sein? Wieso läuft der Hund immer noch herum, wedelt mit dem Schwanz, bellt, rennt? Ich spüre keinen Neid, keine Wut, keinen Kummer. Aber immer sehe ich diese anderen Hunde, wie gestern den großen Gordon Setter, dem wir manchmal am Ende von Java-Eiland begegnet sind und der Jasper nicht ganz geheuer war. Aber kein Hund war Jasper je ganz geheuer.

Was empfinde ich eigentlich, wenn so ein Hund einfach quicklebendig vor mir steht? Etwas. Denn in meinem Fall wurde dieses Quicklebendige vor anderthalb Jahren jäh beendet. Es geht mir nicht in den Kopf, dass diese Hunde am Leben sind, als hätte ich erwartet, dass all die anderen Hunde seitdem, wie selbstverständlich, aufhören müssten zu existieren. Dann würden hier in meinem Viertel nur Hunde herumlaufen, die ich nicht kenne, ebenso wenig wie ihre Herrchen und Frauchen, so dass ich mich nicht mit ihnen zu unterhalten bräuchte. Komisch, etwas zu empfinden, ohne zu wissen, was dahintersteckt. Es hat etwas von einer Gleichgültigkeit des Handelns. Dieser Gordon Setter jedenfalls blieb äußerst gleichgültig. Sein Herrchen auch.

Außer der Hündin Mindy/Trudie, die ich schon erwähnt habe, gab es zwischenzeitlich noch einen Hund in meinem Leben. Einen großen, weißen Hund mit geknicktem Schwanz. Joop. Er war von Mitte November bis Mitte Dezember bei mir in der Eifel.

Joop hieß eigentlich Mio, und wie Jasper kam er von der griechischen Insel Thassos. Er wurde nach Mönchengladbach transportiert und dann einer jungen Familie mit Kind übergeben. Die haben ihn fast verhungern lassen. Die genauen Gründe kenne ich nicht, wahrscheinlich spielte irgendein Streit zwischen dem Mann und seiner Mutter eine Rolle. Und der Hund war das Opfer. Mit List und Tücke wurde Mio dort fortgeholt und wieder nach Mönchengladbach gebracht. Er wog nur noch zwölf Kilo. Ein paar Monate später hatte er wieder sein Idealgewicht von 30 Kilo auf den Rippen. Ich habe ihn zwei Mal besucht. Aus Mio wurde Joop. Joop wurde gebracht. Wir trafen eine Vereinbarung: Zwischen uns musste es funken. Eine Art Probezeit. Und Joop kostete keinen Cent.

Joop war ein unglaublich lieber Hund mit einem schönen Kopf. Er gehorchte, aß gut, blieb bei unseren Spaziergängen an meiner Seite, und abends legte er sich behaglich auf den Rücken, streckte die Beine von sich und drückte seine Hinterpfoten gegen meinen Bauch oder an die Brust. Ich mochte ihn. Er bellte und knurrte Nachbar Klaus jedes Mal an, wenn der vorbeikam und den Hund mit Leckerlis zu bestechen versuchte. Auch Installateur Lothar knurrte und bellte er an. Eigentlich jeden. Wahrscheinlich aus Angst und Unsicherheit, nicht aus Böswilligkeit. Und er reagierte aggressiv auf Kinder. Zwei Mal wollte er Kinder im Wald angreifen. Ich geriet in eine Pattsituation, die verdächtig jener mit Jasper glich. Jasper hatte, wenn er frei herumlief, Spaß mit anderen Hunden. An der Leine aber war er schrecklich. Doch ich konnte Jasper nicht frei laufen lassen, er haute immer ab. Patt. Mit Jasper durch Amsterdam zu spazieren, bedeutete stets Anspannung und

Stress. Jetzt traute ich mich einfach nicht, Joop von der Leine zu lassen, obwohl er nie weglaufen würde. Wie schön das ist, so ein Hund, der im Wald an meiner Seite bleibt und nicht gleich allen Tieren hinterherhetzt. Aber es ging nicht. Ich hatte große Angst, Kinder könnten auftauchen. Joop war nie mit mir in Amsterdam, wo er vor dem Haus einen riesigen Schulhof vorgefunden hätte.

Gartenkumpel Han, Rauhaardackel Jet und ich brachten ihn am 15. Dezember nach Mönchengladbach zurück. Ich hatte mich entschieden, mir nicht wieder einen schwierigen Hund anzutun. Diesem Entschluss ging ein ewiges Ja und Nein voraus, Dies und Das, Wenn und Aber. »Nicht so schlimm«, sagte ich zu Gartenkumpel Han, als wir gemeinsam von Mönchengladbach nach Amsterdam fuhren. Ich versuchte, mir weiszumachen, dass Joop nur einen Monat zu Besuch gewesen war. Nicht mehr und nicht weniger.

Ich war ein paar Tage in Amsterdam, hielt eine Lesung, tat Verschiedenes und fuhr am 20. Dezember mit Freund Henk und dessen Hund Bas nach Schwarzbach zurück. Ich wäre fast zusammengebrochen, als ich die Tür öffnete. In Amsterdam hatte er mir nicht gefehlt, dort gehörte er nicht hin, aber in Schwarzbach gab es kein Entrinnen: Das Haus war leer. Bedauern überfiel mich. Mit einem Mal wurde mir klar, was ich getan hatte: Ich hatte einen Hund weggegeben. Später stellte sich heraus, dass Joop schon am 17. Dezember zu einer Familie gebracht worden war. Ich bekam Fotos zugeschickt. »Bitte, hört auf, mir Fotos zu schicken«, bat ich Mönchengladbach. Ich konnte es nicht ertragen. Bedauern. Ein Scheißgefühl: Es quengelt und quält und nagt, während man nichts mehr tun kann. Ich wollte ihn zurückhaben, was nicht ging, denn er hatte längst ein neues Zuhause gefunden. Joop würde es egal sein, das wusste ich auch, aber mir war der Hund in diesem einen Monat ziemlich ans Herz gewachsen.

Nachts, im Bett, redete ich mir ein, dass es Joop egal war, ich dachte darüber nach, wie ich ihm sein aggressives Verhalten hätte abtrainieren können, und ich fragte mich, warum ich ihn nur so schnell und unbarmherzig hatte weggeben können. Das neue Frauchen hatte eine fünfjährige Tochter. Ein Kind. Aber ein Kind, das in Joops Augen dazugehörte oder, wie manche Leute sagen – ich schrecke davor immer ein bisschen zurück –, Teil des Rudels war. Das ging also gut. Wahrscheinlich war Joop mittlerweile auch gegenüber anderen Kindern nicht mehr aggressiv. Ich habe kein Kind. Bei mir hätte er das nie gelernt. Ich kann es noch immer kaum ertragen, mir Fotos von Joop anzusehen.

Es ist, als würde mich die ganze Sache mit Joop mehr belasten als Jaspers Sterben. Wahrscheinlich liegt es an der Möglichkeit, eine Entscheidung zu fällen. Jasper ist tot, er ist nicht mehr, er ist in einer schmutzig-weißen Urne unter einer Fichte in der Eifel begraben, während Joop fröhlich weiterlebt, nur woanders, bei anderen Leuten. Ich könnte ihn mal besuchen, und das *mache* ich auch. An Jaspers Tod bin ich nicht schuld, an Joops Verschwinden schon.

Im Januar fuhr ich, wieder mit Gartenkumpel Han, den ich gerne als Ratgeber dabeihaben wollte, nach Lisserbroek. Dort gab es einen Hund. Amber. Ich hatte ihn auf *marktplaats.nl* entdeckt. Amber war angeblich ein Podenco, aber als ich sie sah, wusste ich sofort, das konnte nicht stimmen. Sie war viel zu haarig und hatte zu kräftige Hinterläufe. Und eine niedliche Schnauze und tiefliegende, schrägstehende Augen. Wir nahmen sie auf einen Spaziergang durch ein furchtbar tristes Wohnviertel mit. Es fing zu regnen an. Amber wollte gerne mit Jet spielen, aber der hatte keine Lust. Wir gingen über einen Fahrradweg, Jet frei vor uns und ich mit der angeleinten Amber hinterher.

Ich hatte Mitleid mit Amber. Ich hätte heulen können. Ein

paar Tage später schrieb ich darüber: »»Was meinst du, Han?‹, fragte ich. Han wusste es nicht. Amber hatte nichts falsch gemacht, keine Kinder böse angebellt, keine Katzen gejagt, keine Aggression gegen andere Hunde gezeigt. Ihr langes Fell war durchnässt, und manchmal blickte sie sich um, mit diesen schrägstehenden Augen. ›Ich auch nicht‹, sagte ich. ›Ich weiß es wirklich nicht.‹ All diese Hunde, die von einem Herrchen zum nächsten wandern, werden aus Griechenland und Spanien eingeflogen. All die lieben, schiefen, gewitzten, schuldbewussten Blicke. Das muss man erst einmal ertragen können. Manchmal sollte man einfach nur noch wegrennen.«

Ich weiß, es gibt Menschen, die sich auf der Stelle einen neuen Hund »anschaffen«, um alldem zu entwischen. Ein Frauchen, mit der ich mich manchmal unterhalte, hat dies getan. »Die beste Entscheidung aller Zeiten«, meint sie. Bei mir herrscht Widerstand. Über den Monat mit Joop habe ich kein einziges Wort geschrieben. Vom ersten Tag an nicht. Als hätte ich bereits geahnt, dass ich lieber keine Rechenschaft ablegen oder nach irgendwelchen Erklärungen suchen wollte. Liegt es daran, dass ich (noch) nicht über Jasper hinweg bin? Sind alle Hunde weniger nett, lieb, hübsch oder was auch immer? Nein, denn Gasthund Elvis hätte gerne bleiben können. Liegt es daran, dass ich mir noch aus Jaspers Zeit der Verantwortung für ein Tier bewusst bin? Ja, teilweise schon. Man kann – besonders, wenn man alleine lebt – viel einfacher tun und lassen, was man will. Andererseits: Sich einen Hundesitter zu besorgen und das gelegentliche Vermissen sind keine Dramen und keine großen Probleme. Außerdem: Wenn man in der Situation ist, kann man nicht anders, da muss man. Dann sind die Dinge nun einmal, wie sie sind.

Ich kann mir einfach nicht erklären, was diesen Widerstand auslöst, und auch dieses Gefühl nicht, das mich manchmal überkommt, wenn ich Hunden begegne, die Jasper gekannt haben.

Ein Hund wäre aber wieder fein. Und es täte meinem Körper gut, das habe ich in den Wochen mit Pancho gemerkt. Laufen. Ab in den Wald. Über die Wiesen. Durch den Fluss. Gedankenlos streunen über Feldwege, durchs Dickicht, im Slalom zwischen den Fichtenstämmen hindurch und zu Hause dann entdecken, dass »gedankenlos« eigentlich ein »unbewusstes Nachdenken« war.

Seit kurzem erhalte ich allerlei Nachrichten und Fotos aus Mönchengladbach. Die Fotos zeigen Jack. Jack hatte einen Autounfall (Blödsinn, das geht doch gar nicht, Jack wurde angefahren) auf Thassos. Bein gebrochen, Bein von einem ortsansässigen Tierarzt gerichtet. Schlecht gemacht. Jack hat ein schiefes, nutzloses Bein. Man erzählt mir, dass Jack eine unheimliche Schmusebacke sein soll (meine deutsche Übersetzung wäre eher *Schmusearsch*). Er wächst tüchtig, ist fast so groß wie Jasper, wiegt 18 Kilo. Trotz der nutzlosen Pfote will er springen und rennen. Er hat, wie ich sehe, eine freundliche Schnauze. Selbstverständlich ist Jack eine Promenadenmischung, eine griechische Stragami (*Straßengassenmischung*), ein bisschen weiß, ein bisschen braun, ein bisschen schwarz. Zurzeit trägt er eine Schiene und manchmal so einen Trichter um den Hals. Denn das Bein wurde noch einmal gebrochen und gerichtet, diesmal in einer sehr guten niederländischen Tierklinik. Obwohl davor auch über eine Amputation nachgedacht worden war. Ich lese die Informationen und betrachte die Fotos und mache mir nicht allzu viele Gedanken. Frage manchmal nach, aber bloß nicht zu viel. Ob ich Jack nicht einmal besuchen möchte? Na ja, habe ich nach einiger Zeit geantwortet, besuchen nicht, aber ihr könnt gerne mit Jack vorbeikommen. Ich lasse mich nicht verführen, doch die Dinge dürfen langsam auf mich zukommen.

Ich glaube, ich werde es (noch) nicht tun, weil ich Angst davor habe, einen neuen Hund einfach nur blöd zu finden. Nicht gut genug. Angst, dass ich ihn andauernd vergleichen würde. Einen neuen Hund immer noch nur als Ersatz ansehen würde. Ein Trostpflaster. Zweite Wahl.

ÄNGSTLICH UND EINSAM

Im September 2010 verbrachte ich sechs Tage auf einem Wohn-boot (Fahrendes Ferienhaus 1), das bei Senneroog, einer Insel im Lauwersmeer, festgemacht war. Vor mir war Paulien Cornelisse eine Woche lang da, nach mir sollte David Pefko kommen und danach zwölf weitere Schriftsteller, Denker oder Kabarettisten. Für die Rundfunkanstalt *VPRO*. Jeden Abend sendeten sie einen Audiobericht von uns im Radio, den jemand gegen drei Uhr nach-mittags mit einem Boot abholte. Wir verfügten dort über keiner-lei Kommunikationsmöglichkeiten. Wir waren allein. Von der Welt abgeschnitten. Ich hatte angegeben, was ich essen, trinken und rauchen wollte, jemand hatte das eingekauft, denn bei meiner Ankunft war alles vorhanden, selbst der alte Genever von Rutte und die Chips, die ich damals gerne zum alten Genever gegessen habe. Sechs Tage fernab der Welt. Ich habe mir meine Tonfrag-mente im Internet angehört. Sieben Jahre nach ihrer Entstehung.

Ich quatschte in das Aufnahmegerät, erzählte von den beiden Seeadlern, die ich dort gesehen hatte, den Uferschwalben, dem Haubentaucher, den ich Jaap getauft hatte und der mein Freund geworden war, von dem gemeinen Kormoran, der Jaap ab und an aus der Bucht vertrieb, in der das Boot lag, von Regen und Wind, vom Wasser, das stetig stieg, wodurch die Trossen des Boots fast rissen, von grässlichem Essen, dem Bewuchs der Insel, dem Not-telefon, das von meiner Vorgängern nicht aufgeladen worden war und das ich zwar hätte aufladen können, aber nicht anschalten konnte, weil niemand daran gedacht hatte, den PIN-Code des Telefons irgendwo zu notieren, von schmuddeligen Blöcken un-definierbaren Materials (Sierra Nevada), die in den Ofen gesteckt werden mussten und dann für enorme Rauchbelästigung sorgten, vom Spötteln eines Temminckstrandläuferpaares. Ausschließlich Fakten. Als ich mich allmählich etwas bedrückt fragte, ob die Zuhörer auf solch läppische Details gewartet hatten, hörte ich mich plötzlich sagen, dass ich ängstlich sei. Kurz darauf sagte ich: »Eigentlich bin ich die ganze Zeit draußen. Drinnen, auf dem Boot, ist es viel einsamer als draußen.«

Diese beiden Dinge, ängstlich und einsam, hatten miteinander zu tun. Ängstlich, weshalb ich immerzu am Arbeiten war. Draußen. Mit meinen Händen. Man konnte dort schreiben, es gab einen Laptop, doch der war auch ziemlich einsam, denn er hatte keine Internetverbindung. Ein toter Laptop. Ängstlich, weil ich mich nicht traute, einfach gar nichts zu tun, oder es nicht konnte. Arbeiten, um der Angst und den düsteren Gedanken zu entrinnen. Und aus diesem Grund war es im Boot einsam. Dort gab es – außer kochen und essen – nichts zu tun. Draußen musste ich sein. Da ging etwas vor sich, da wehte mir der Wind um die Ohren, durchnässte mich der Regen, dem ich mich mit dem Tragen von Röckchen aus blauen Mülltüten zu widersetzen versuchte.

Bei dem Mann, der jeden Tag mit dem Boot kam, bestellte ich Material. Eine Sense. Ein Seil. Ich schlief schlecht, unruhig. Oft saß ich mitten in der Nacht rauchend an Deck. Oft war ich dabei, wenn die Sonne aufging, oder wenigstens, wenn es hell wurde. Schlafen konnte man auch in dem Boot, aber da wollte ich nicht sein. Sogar nachts wollte ich raus. Eines Tages beobachtete ich durch mein Fernglas den Förster auf dem Festland. Sein grüner Geländewagen stand auf einem Deich, und er stand da und betrachtete mich durch sein Fernglas. Vielleicht hatte die *VPRO* ihn dazu beauftragt.

Drinnen ist es einsam. In meinem Eifelhaus spüre ich das weniger. Vielleicht, weil drinnen die Welt ist: Fernseher, Internet, Netflix. Aber auch dort bin ich am liebsten draußen. Ich habe allerdings nie das Gefühl, ängstlich zu sein, wenn ich mich tagein, tagaus im Garten beschäftige. Aber ich weiß natürlich, dass ich nicht schreibe, wenn ich im Garten arbeite. Und das ist es doch, was ich eigentlich tun müsste. Zweimal *aber*.

Liegt das nun an meinem Garten und dem Teil der Eifel, in dem ich lebe? Ist man weniger einsam in der Natur als in einem Haus? Vermutlich schon. Und sei es nur, weil man in der Natur kilometerweit laufen kann – wenn man denn laufen möchte – und im Haus zwangsläufig auf Wände stößt und gezwungen ist, auf und ab zu gehen. In der Natur trifft man andauernd andere lebende Wesen, Füchse, Rehe, Vögel, Igel. Der Haubentaucher Jaap auf Senneroog wurde wirklich mein Freund; wenn ich ihn morgens nirgends entdecken konnte, fühlte ich mich verwaist. In der Eifel ist es ein schwarzer Storch. Ich sehe ihn fast nie, aber ich weiß, dass er auch dort lebt. Er wohnt dort und ich ebenfalls. In der Natur sieht man alles Mögliche, Dünen, Sträucher, Himmel, Flüsse, Bäume, und – wie unbeseelt auch immer (sorry, Herr Wohlleben) – sie sind lebendiger als die beiden Gemälde im Wohnzimmer.

Vielleicht rühre ich den Mörtel ja absichtlich falsch an, schrieb ich in einer Kolumne über das Ausbessern der Terrasse vor dem Küchenfenster. Eine lässige Bemerkung, doch es mag ein Funken Wahrheit darin stecken. Ich war tagelang beschäftigt, die Fliesenreste, aus denen der Terrassenboden besteht, erneut zu verlegen und zu verfugen. Zerbröckelt der Mörtel diesen Winter wieder, kann ich nächstes Jahr von vorne anfangen. Und genau das ist der Sinn und Zweck! Es muss etwas zu tun geben. Es muss immer etwas zu tun geben. Ängstlich? Ja, kann schon sein. Vor kurzem habe ich meinem ehemaligen Therapeuten gemailt. Ich schrieb, dass ich es als recht unangenehm empfinde, wie viel Zukunft vor mir liegt, und ob wir darüber einmal sprechen könnten? Er antwortete: »Tja, die Zukunft ist häufig lästig. Deshalb möchte ich dir raten, die ›Never Ending Novel‹ zu schreiben (dein Freund Parks hat letztens auch ein tolles Buch über ›den Roman‹ herausgebracht).« Im Laptop – ein paar Klicks von diesem Text entfernt – finde ich einen Text, der aus sechs Kapiteln besteht und der seit etwa anderthalb Jahren eine *never ending novel* ist. Aber es ist wohl sinnvoll, ab und zu daran zu arbeiten. Sonst ist er nicht *never ending*, sondern *jammed*. Doch erst kommt die Mauer zur Straße dran. Und das Verfugen des Rests der Küchenterrasse.

Zurück zum Lauwersmeer. Der flämische Kabarettist Wim Helsen war auch auf Senneroog, ein paar Wochen nach mir. In meinen Audioberichten rede ich nicht über die Dinge, die ich auf der Insel getan habe. Ich habe Wege angelegt, ich habe eine Leiter unter einem dicken Ast der Trauerweide gebaut, die vom Boot aus gesehen am anderen Ende der Insel steht, ich habe »Kunstwerke« aus verblühtem Bärenklau, toten Zweigen und Grasbüscheln gemacht. Ich habe die Insel heimlich ein bisschen kultiviert. Für meine Nachfolger. Damit sie sich fragen konnten, was das alles zu bedeuten hatte. Vielleicht bekämen sie auch Lust, es auszubauen. Atte Jongstra zum Beispiel. Der fand es toll und fügte seine eigenen »Naturverbesserungsprojekte« hinzu, die hauptsächlich aus beschrifteten Schildern bestanden.

Als Wim Helsen auf Senneroog eintraf, war die Insel also recht gut kultiviert. Nach seinem Aufenthalt saß er in der Talkshow *Pauw & Witteman*. Er erzählte, er habe alles unverzüglich zerstört. Das machte mich wütend, und wegen seiner Bemerkung, dass er nicht einmal gewusst habe, wer vor ihm auf der Insel gewesen sei, nicht einmal, ob es eine Frau oder ein Mann war, wurde ich noch wütender. »Von meinen Vorgängern, glaube ich«, sagte er über die Bauwerke. Und: »All diese Schilder mit pseudoliterarischen Texten.« Nun war alles wieder unberührt.

Natürlich war er im Recht. Jeder von uns war eine Woche lang der König oder die Königin der Insel. Niemand hatte uns vorgeschrieben, was wir zu tun und zu lassen hatten. Wim Helsen wollte unberührte Natur. Ich hatte keinen Grund, wütend zu sein: Weshalb sollte ich davon ausgehen, dass die Naturverbesserungsprojekte von Atte und mir heilig waren, dass sie wirklich Verbesserungen waren? Helsen hatte jedes Recht, die Insel auf seine Art zu nutzen. Diese eine Woche war es seine Insel. Dort konnte er den Diktator spielen. Atte Jongstra und ich hatten versucht, eine kulturhistorische Landschaft zu erschaffen, und Wim Helsen wollte ein Naturcamp. Später hat Tommy Wieringa dort einen Brand gelegt. Prima. Manch ein Schriftsteller hat fast ausschließlich im Boot gesessen, die empfanden all das Wasser und Gras und die Bäume als Bedrohung. Prima. Ester Naomi Perquin wurde von der Insel gerettet. Ende November kam der Frost. Die Heizung fiel aus, und das Trinkwasser fror ein. Man hat sie mit dem Hubschrauber ausgeflogen, denn mit einem Boot war das nicht mehr möglich. Sie hat am eigenen Leib erfahren, wie unerbittlich die Natur sein kann.

GARTEN VOLLER ERINNERUN-GEN, ODER DOCH NICHT

In *Broeder, schrijf toch eens!* von Rinus Spruit dreht die Hauptperson Rinus im Februar eine Runde durch den elterlichen Garten. Vieles, was ihm dort ins Auge springt, weckt Erinnerungen oder führt zu Gedankenspielen: ein Pflaumenbaum, der im Jahr zuvor fast unter der eigenen Last zusammengebrochen wäre, die Stellen, an denen die Katzen begraben liegen, die ersten Schneeglöckchen. Es gibt sie noch, die Bücher, in denen der Autor oder die Autorin das Elternhaus ausräumt. Bücher über tote Väter oder Mütter. Etwas lässt den Autor innehalten, ihm fällt ein Aschenbecher in die Hände, und hopp, schon kommt die Erinnerung. (Hier könnte ich schreiben: »Wie das Madeleine-Gebäck bei Proust«, aber das tue ich nicht, weil die Madeleines dann noch platter wären, als sie es ohnehin schon sind.) Nie zuvor habe ich ein Buch gelesen, in dem dies anhand eines Gartens geschieht. Es wird sie zweifellos geben, allerdings gibt es so viele gute Bücher, die einem zwangsläufig entgehen. (Die wunderbare selektive Entrüstung, wenn Lesungsbesucher hören, dass man dieses oder jenes Buch nicht kennt. Wie ist das nur möglich?! Noch nie etwas von Nescio gelesen?! Ich reagiere nicht mehr darauf.)

Rinus Spruit kann diesen Rundgang durch den Garten unternehmen, weil er in seinem Elternhaus wohnt: Dieser Garten ist immer sein Garten gewesen. In die selbst ausgehobene Senkgrube gelangten auch seine Exkremente, die Äpfel des Apfelbaums hat er sein Leben lang gegessen. Rinus bemüht sich sehr, die Scheune, die sein Vater gebaut und mit einem Reetdach versehen hat, zu bewahren. Verständlich, da sein Vater die Scheune gebaut hat, fühlt er sich verpflichtet, sie so gut wie möglich zu unterhalten.

Wenn ich einen Rundgang durch meinen Garten mache, prasseln die Erinnerungen nicht auf mich ein. Ich hege keine melancholischen Gefühle für die Mirabelle oder den uralten Birnbaum. Bei den Teichen kommen mir keinerlei Geschichten über all jene in den Sinn, die einmal hineingefallen sind (stimmt nicht: ein paar Hunde haben sich beim Trinken schon des Öfteren fürchterlich verschätzt), im Gemüsegarten habe ich niemand anderen als immer nur mich vor Augen, in gebückter Haltung. Es ist ein neuer Garten, geschaffen aus dem Nichts, weil die vorigen Bewohner keinen Finger gekrümmt haben und ihn verwildern ließen. Irgendwann – es leben hier Leute, die sich noch erinnern – sollen hinter dem Haus zwei Pferde geweidet haben. Das kann ich mir kaum vorstellen. Weil ich dort eigenhändig ein Waldstück gerodet habe. Da ist wenig Platz. Wo bitte sollen die Pferde denn gestanden haben? Der Vorgarten war voll mit aufgestapelten Autowracks, und in einer Ecke standen die Wracks sogar unter einem Dach, in einer Art zugiger Scheune.

Ich musste mich an nichts halten. Dieser Garten hat keine Geschichte. Ich kann absägen, was ich will, fällen, was ich will, eintopfen, was ich will. Nie tauchen plötzlich die Gesichter meiner Eltern oder die Taten meiner Großeltern vor mir auf. Wie ich schon in *Jasper und sein Knecht* geschrieben habe, war genau dies meine Absicht. Ich wollte wieder nach draußen, in die Natur, ich brauchte Raum, aber nicht den Raum meiner Jugend. Es sollte anders sein, ein Ort, an den ich keine Erinnerungen hatte. Ein Ort ohne Melancholie. Denn dies können gefährliche Orte für depressiv Veranlagte sein. Bei der Lektüre von *Broeder, schrijf toch eens!* dachte ich regelmäßig: »Rinus, Mann, was tust du dir nur an?« Im Elternhaus wohnen. Na gut, Rinus Spruit ist ein Schriftsteller, der weiß schon Rat und schreibt sich alles von der Seele, oder wagt wenigstens den Versuch.

Nächsten Monat wohne ich hier fünf Jahre. Das heißt, im

neuen Garten tummeln sich nun schon fünf Jahre Erinnerungen. Von dem Moment an, in dem man an einem neuen Ort beginnt, baut man eine Vergangenheit auf. Ich sehe noch die Fichtenreihe am Straßenrand, den Kreis aus Pflaumenbäumen zwischen meinem Haus und dem von Nachbar Klaus (mit deren Holz ich eine Woche lang geheizt habe), die Kolonie Blindschleichen unter dem Wellblechdach des alten Anbaus. Aber diese Erinnerungen schmerzen nicht, brennen nicht, lösen keine Wehmut aus, denn ich habe hier alles getan. Kein anderer. Ich sehe die kleinere der beiden Skimmien, und mir wird bewusst, dass ich dieses arme Gewächs schon mindestens sechsmal umgepflanzt habe. Warum geht der Strauch nicht ein?

Ich weiß noch, dass ich an der untersten Terrassenmauer Sommerblumen ausgesät habe, eine Katastrophe, denn dort kommt kaum Sonne hin. Ich sehe noch die Vogelfutterstation als Rohbau vor mir. Ich weiß noch, wie sorgsam ich eine große Wunde im Ebereschenbaum links neben dem Tor mit Baumbalsam eingeschmiert habe, weshalb der Baum heute noch steht. Nein, nun geht es mit mir durch, das kann ich nicht mit Sicherheit behaupten: aus Mangel an einer Test-Eberesche, deren Wunde ich nicht eingeschmiert habe.

Ich habe den Garten freigelegt. Ich wollte Kontakt mit der Straße, zur Welt. Ich wollte auf der Bank vor dem Küchenfenster sitzen und für jeden meine Hand heben. (Das hat mir Dachdecker Rudi beigebracht – aber ich kannte es natürlich von früher, von zu Hause: winken. Immer schön winken. Man will niemandem etwas Böses und geht auf Nummer sicher. Besonders wenn man, wie ich, die Leute nicht an ihren Autos erkennt.) Jetzt wohne ich hier also fünf Jahre, der Garten ist gewachsen und gestaltet, und plötzlich sehne ich mich danach, dass dem nicht so ist. Der Vorgarten ist heute vor allem ein Übergangsgebiet zur Straße, nach draußen, in die Welt. Das gefällt mir nicht recht, es ist, als hätte ich einen Teil meines Besitzes aufgegeben, dieser Vorgarten ist ein verwaistes Stück Land.

Deshalb saß vor knapp vier Wochen ein starker junger Mann bei mir am Gartentisch. Er rauchte eine Zigarette und trank eine Tasse Kaffee. Fast vier Uhr, aber er wollte kein Bier. Ich erzählte ihm, was ich vorhatte und wie sein Vater – Bagger-Peter – einmal etwas zu grob mit seinem Bagger vorgegangen war und zwölf Lastwagen Schutt und Erde hatten abtransportiert werden müssen, obwohl eigentlich sechs vereinbart gewesen waren. (Einer der Laster scheuerte mit der Ladefläche an der Eberesche entlang.) Erzählte ich ihm das alles, weil ich ihn schon von vornherein ausbremsen wollte?

Eine Mauer. Eine Mauer in einer Ecke des Grundstücks: etwa zehn Meter die Straße entlang und noch mal sechs Meter im rechten Winkel, parallel zur Auffahrt. Die Mauerecke 1,75 Meter hoch, beide Seiten vier Meter lang. Er war begeistert. Endlich wieder eine schöne Aufgabe. Dauert nicht ewig und ist zudem eine Herausforderung (ich will in die beiden vier Meter langen Mauern insgesamt zehn Glasbausteine einsetzen lassen). Und er hatte sogar Zeit. Nachbar Klaus war auch dabei. Für den Fall, dass der junge Mann mit der Arbeit begann, wenn ich nicht hier war. Kurz tuschelten sie auf Eifel-Platt. Ich bat sie, das sein zu lassen (ich verstehe kaum ein Wort), weil es schließlich um meinen Garten und meine Mauer ging. Über die Gestaltung und den Bau wollte ich gerne selbst entscheiden. Ich hoffte, er würde rasch mit einem Kostenvoranschlag kommen und, nachdem ich eingewilligt hätte, umgehend anfangen. Die Mauer sollte noch vor dem Winter stehen.

Bis jetzt ist nichts passiert – wir sind schließlich in der Eifel –, und ganz gegen meine Art rege ich mich darüber kaum auf. Von der Küche und dem Schreibzimmer aus blicke ich auf den Teil des Gartens, wo die Riesenmauer bald stehen wird, und seltsamerweise und sentimentalerweise rührt mich diese Ecke. Der Mirabelle, die genau dort hinkommen soll, habe ich vor ein paar Wochen den dicksten Seitenast abgesägt. Er hing über das Tor. Sie und die neben ihr wachsende Birne – ich habe schon über sie berichtet – haben praktisch all ihre Blätter verloren, während die Stechpalme nach ihrem üblichen Sommerlaubwechsel voll und grün danebensteht. Amseln kommen nie zur Vogelfutterstation, weil sie vorher deren Früchte fressen. Die Stechpalme wird eine Spezialbehandlung erhalten: Die 1,25 hohe Mauer muss mindestens einen Stein breit und einen Unterarm tief absacken, um einem ihrer dicken Stämme Raum zu geben.

Zwischen der Birne und der Stechpalme wächst auch ein roter Haselstrauch, dessen Blätter grün sind, wahrscheinlich wegen seines Schattenplatzes. Noch stehen die Bäume offen und ungeschützt an der Straße. Die Straße ist nass, es hat heute Nacht geregnet. Vielleicht hat die seltsame Rührung damit zu tun, dass ich die Bäume und Sträucher jetzt schon seit fünf Jahren kenne. Ich habe sie zurückgeschnitten, die Stechpalme sogar fast zum Quadrat gestutzt. Sie sind zu meiner Mirabelle, meinem Birnbaum, meinem Haselstrauch und meiner Stechpalme geworden. Wie sehr man sich auch anstrengt, ein Garten bleibt nie neu, ein Garten häuft immer Vergangenheit an.

Vor zwei Wochen hat der Sohn vom Bagger-Peter das letzte Mal etwas von sich hören lassen, als er mir auf Nachfrage versprach, noch am selben Abend ein Angebot zu schicken. Meinetwegen kann er sich ruhig Zeit lassen, meinetwegen muss der Anblick der Bäume, offen und ungeschützt an der Straße aufgereiht und irgendwie *verletzlich*, noch nicht zu einer Erinnerung werden.

Jasper hatte übrigens nichts mit dem Garten am Hut. Er begriff ihn nicht als ein Stück Boden, auf dem er herumrennen konnte. Jasper wollte nur im Wald rennen und weglaufen. Wenn ich ihn hinausließ, legte er sich mit einem tiefen Seufzer direkt vor die Haustür. Niemals ging er auf Entdeckung. Als wüsste er, dass er sich in einem Gefängnis befand. Der Garten war ihm zu klein. Im Garten, zwei Schritte von der Haustür entfernt, zuckte er bei jedem Regentropfen zusammen und wollte sofort wieder nach drinnen. Im Wald waren ihm Regen, Schnee, Hagel und sogar Gewitter egal. Um bei der Wahrheit zu bleiben, muss ich dazu sagen, dass er den abgeschlossenen Garten nur ein knappes halbes Jahr gekannt hatte. Im Oktober wurde das verzinkte Tor einge-baut, im März war er tot. Schönes, warmes Wetter hat er darin kaum erlebt, seit er von der langen Leine weg durfte. Nur sehr selten jagte er hinter etwas her, das ich geworfen hatte, und selbst dann betrachtete er mich mit einem Blick, der besagte, dass ich das lieber bleibenlassen sollte. Jasper war kein Gartenhund. Jasper war ein Naturhund.

Ich werde, genau wie Rinus Spruit, eine Runde im Garten meines Bruders drehen. Weil mein Bruder auf dem Bauernhof lebt, in dem ich geboren wurde. Viel verspreche ich mir allerdings nicht davon. Weil der Garten seit meinem 18. Geburtstag nicht mehr mein Garten ist und weil er eigentlich nie ein Garten war. Er war eine riesige Grasfläche, auf der drei große Ulmen gestanden hat-ten, die, eine nach der anderen, an der Ulmenkrankheit eingingen. Der Wassergraben zwischen der Grasfläche und der Straße wur-de irgendwann zugeschüttet. Keiner von uns hatte Zeit für einen Garten. Mein Vater musste die Kühe melken und meine Mutter für sieben Kinder sorgen. Und wir Kinder kamen erst gar nicht auf die Idee, mit den Händen in der Erde zu wühlen. Heute ist es eine riesige Grasfläche mit ein paar Eichen an der Südseite, von

denen zwei auch schon abgestorben sind. Und eine Reihe schwe-
dische Mehlbeeren und eine Eiche an der Nordseite, beim Hof,
wodurch eine natürliche Abschirmung zwischen dem Bauernhof
und dem Haus, in dem meine Eltern wohnen, entstanden ist. Sie
können sich nur im Spätherbst, im Winter und im Frühjahr ge-
genseitig in die Fenster schauen.

KLEIBER

Im Deutschen heißt ein *boomklever* schlicht Kleiber. Der Unterschied zwischen einem *boomklever* und einem *boomkruiper* besteht darin, dass Ersterer vor allem am Baumstamm hinunterhüpft und Letzterer hoch. In Wirklichkeit ist es halb so wild, denn auch der Kleiber hüpft den Stamm hinauf. Er ist ein sehr hübscher Vogel: schiefergrau und rosa. Der *boomkruiper* heißt auf Deutsch pompös Gartenbaumläufer. Nur ein einziges Mal habe ich ihn im alten Birnbaum beobachtet. Von Kleibern aber wimmelt es im Garten. Sie fliegen blitzschnell zur Vogelfutterstation, picken kurz und fliegen ebenso geschwind weiter zu einem Baumstamm. Meist stopfen sie das Aufgepickte in diesen Stamm. Für später, genau wie Eichhörnchen. Daraus schließe ich, dass sie zumindest eine vage Ahnung von Zukunft haben, einen Tag nach diesem Tag, einen Monat nach diesem Monat. Ob sie die versteckten Samen je wiederfinden, ist allerdings die Frage. So ein Versteck spüren sie natürlich nur in Stämmen mit rauer Rinde auf, beim Birnbaum oder der Ungarischen Eiche. In einem Buchenstamm kann man nichts verschwinden lassen.

Eines Tages habe ich ein Bücherregal für das Schreibzimmer gebaut. Das Wetter war schön, die Balkontür stand offen. Plötzlich hörte ich ein dumpfes Klatschen. Ich blickte mich um und entdeckte auf dem Schreibtisch, hinter dem Laptop, einen jungen Kleiber. Er lag auf dem Rücken. Dass er jung war, meinte ich an seinem Federkleid zu erkennen, zerzaust und noch ein bisschen flaumig. Er war wohl durch die offen stehende Balkontür hereingekommen und in blinder Panik auf dem Rückweg gegen die Scheibe geflogen. Die großen Fenster von sonnendurchfluteten

Wohnungen können für Vögel fatal sein. Mich erstaunen immer wieder die Bemühungen von Menschen, mit Vogel-Aufklebern an den Fensterscheiben lebende Vögel darauf hinzuweisen, dass sie dort nicht dagegenfliegen sollen. Ich hob das Vögelchen vorsichtig auf. Sein Schnabel war weit geöffnet, es keuchte heftig. Die Augen waren geschlossen. Das Bücherregal war jetzt einerlei, ich lief hinaus. Mit dem Daumen streichelte ich sein Köpfchen. Nach einer Weile machte es die Augen auf, aber es keuchte immer noch. Nach einer weiteren Weile öffnete ich die Hand: Wenn es wollte, konnte es auffliegen. Das tat es nicht. Anscheinend war es dazu noch nicht bereit. Ich holte mein iPhone aus der Hosentasche und machte mit der Linken ein paar Fotos von dem Kleiber in meiner Hand, in Gedanken schon dabei, die Fotos zurechtzuschneiden und vielleicht mit einem darübergelegten Filter auf Instagram zu posten. Dann war es so weit. Er flog auf und verschwand in den Ästen der Ungarischen Eiche.

Wenn ich früher an kalten Wintermorgen oder -abenden viel zu viel Stroh bei den Färsen verteilte, war ich davon überzeugt, die bekämen das mit. Ihnen wäre bewusst, dass sie es während meines Wochenenddienstes schön warm hatten. Ich überlegte, dass das, was für mich galt – im Winter mindestens eine Extradecke –, auch für die Tiere gelten musste. Heute denke ich noch immer so, denn ich glaube nicht nur, dass ich seit jenem Moment diesen einen Kleiber erkennen werde, wenn er auf der Vogelfutterstation herumpickt, sondern ich gehe vor allem davon aus, dass der junge Kleiber mich auch erkennen wird. Dass er sich an meine Rettungsaktion erinnern und sich »zutraulich« verhalten wird. (*Zutraulich* ist ein Begriff aus *Petersons vogelgids*. Besonders auf Rotkehlchen bezogen, die, wenn man am Umgraben ist, in einem Meter Abstand seelenruhig Würmer aus der Erde ziehen oder dich frech eine Weile durchs Küchenfenster anstarren.) Das geschah nicht.

Erstens kann ich den einen Kleiber nicht vom anderen unterscheiden, zweitens gab es keinen, der sich seit diesem Tag anders verhielt. Von der Vogelfutterstation sprühte kein Funken Dankbarkeit zu mir herüber. Ziemlich schwierig, wenn nicht unmöglich, sich die Natur gefügig zu machen. Und dabei lasse ich den Gedanken, dass der kleine Kleiber etwas später vielleicht doch an einer Gehirnerschütterung gestorben ist, einfach außer Acht.

IVO UND WILMA

Eine Gruppe älterer Menschen, der wir schon woanders im Zoo begegnet sind, steht im Affenhaus vor dem Gorillagehege. Bei den Gorillas drängeln sich die Leute, vor den Orang-Utans steht ein einziger Mann, und für die Schimpansen interessiert sich niemand. Schade, doch während ich darüber nachdenke, merke ich, was das für ein Unsinn ist. Bestimmt freuen sie sich darüber, in Ruhe gelassen zu werden. Trotzdem schade, weil ich mir vorstelle, dass dort eine Art von Mensch in den Ästen baumelt oder in den Hängematten liegt oder Scheiße in sich hineinstopft. Das sind Tiere. Ein Stück weiter sieht man Affen, die keine Menschenaffen sind. Die Totenkopfaffen amüsieren sich köstlich, sie rennen und springen die ganze Zeit, die können sich einfach nicht langweilen oder depressiv werden.

In einigen anderen Gehegen sitzen auf dem kühlen Betonboden zwei, drei Affen auf einer Insel aus Holzwolle. Sie klammern sich aneinander. Draußen ist es typisches Berliner Wetter: trübe, regnerisch, um zwei Uhr mittags so, als wäre es schon fünf. November. Kalt. Ungemütlich. Für uns Menschen ein Wetter, um in einer Gaststätte etwas zu trinken und eine Wurst zu essen, für Affen das richtige Wetter, um sich aneinanderzuklammern. Es gibt aber auch Affen, die von der Decke hängen, die Bäuche dicht bei den roten Wärmelampen. Affen – besonders die Nicht-Menschenaffen – können so unendlich traurig durch die dicken Glasscheiben nach draußen schauen.

Der Silberrücken heißt Ivo. Ich überlege und überlege, und dann meine ich mich zu erinnern, dass Ivo früher im Antwerpener Zoo gelebt hat. Merkwürdig, denn ich war nur ein einziges Mal im Antwerpener Zoo. Weshalb sollte ich wissen, dass der Name des Silberrückens dort Ivo war? Zwei Frauen scheinen öfter hier zu sein, denn sie reden über Knut, und Knut ist doch jetzt bestimmt fünf Jahre tot. Ich frage sie, ob sie wüssten, woher Ivo kommt. Nein, das wissen sie nicht. Aber dieser junge Mann – eine der beiden Frauen deutet auf ihn –, der könnte es wissen. Und sie sagt, es stehe auch sicher irgendwo auf einem Schild. Der junge Mann ist ein Mann mittleren Alters in einem grünen Pulli und mit Glatze. Seine Tasche steht auf dem Boden, die Jacke liegt daneben. Er brummt. Antwerpen? Nein, Ivo kommt aus Ihrem Land, sagt er. »Tsss, ggrrr«, sagt er.

Natürlich! Ivo! Amsterdam! Ich kenne den Silberrücken aus Artis. Na ja, Ivo ist in München geboren, sagt der Mann. Er sitzt auf dem Metallgeländer vor dem Gehege und drückt eine Hand gegen die Scheibe. Wie ein Affe. Eine Affenhand am Glas. »Ja, grrr, tsss, brrr, *Schnüffelchen*«, sagt er. Ivo steht regungslos in der Mitte seiner Unterkunft, die strammen Unterarme unerschütterlich auf den Betonboden gepflanzt. »Jaaahhh, *Schnüffelchen*!«, kokettiert der Mann. Diese gekrümmte Hand mit den schwarzen Haaren auf dem Handrücken an der Scheibe. Er ist so einer, der glaubt, eine enge Verbindung mit dem Gorilla zu haben. Er schaut mich nicht an, wenn er mit mir spricht, immerzu bleibt sein Blick auf *Schnüffelchen* gerichtet. Ivo sieht den Mann nicht an. Kein einziges Mal. »Schau, da hinten ist Mpenzi«, sagt der Mann. In einer Ecke liegt ein dickes, zerknittertes Gorillaweibchen. »Mpenzi, die Mutter von Bokito.«

Ich komme nicht dahinter, wie es um den Geisteszustand dieses Mannes bestellt ist. Ist er total verrückt, oder macht es ihm einfach nichts aus, was Menschen von ihm denken? »Ja, Bokito«, sage ich. »Der ist berühmt.« Jedenfalls wohnt der Mann hier mehr oder weniger, dafür sprechen Tasche und Jacke auf dem Boden. Und immerzu dieses Brummen und Zischen. *Schnüffelchen* ist ein eigenartiger Kosename für ein so großes Tier, das ausschließlich aus Muskeln zu bestehen scheint. Der Mann identifiziert sich mit dem Gorilla und glaubt wirklich, Ivo wäre sein Freund. Diese Identifikation geht so weit, dass er seine Hand wie eine Gorillahand krümmt. Er zieht dabei sogar die Schultern hoch. Zum Glück sitzt Ivo hinter Glas. Zum Glück gibt es hier keinen Wassergraben wie in Rotterdam, wo der Sohn von Mpenzi vor Jahren eine Frau angegriffen hat, die auch glaubte, eine besonders enge Beziehung zu dem Affen zu haben.

Kurz darauf sitzen Schriftstellerkollege Gustaaf Peek und ich im Restaurant, eine sehr kluge Entscheidung bei diesem Wetter. Wir essen Currywurst und trinken Kaffee. Für Alkohol ist es zu früh. Es ist gemütlich. Draußen klart es auf, doch von den kahlen Ästen fallen dicke Tropfen. »Wusstest du, dass vor etwa 20 Jahren alle Mandrills in Artis getötet worden sind, weil sie Aids hatten?« Nein, das wusste er nicht. Er trinkt übrigens gar keinen Kaffee, sondern heiße Schokolade. »*Schnüffelchen*«, sagt er leise.

Wir bekommen beide Pandabären zu Gesicht. Meng Meng und Jiao Qing. Genau wie Xing Ya und Wu Wen im Tierpark Ouwehands kosten die Tiere den Zoo Millionen. Leasing-Tiere. Die niederländischen und deutschen Handelsinteressen in China sind viel wichtiger als die Kuschelbären. Meng Meng schläft, Jiao Qing kullert ein bisschen durch das klatschnasse Gras. Keine Ahnung, wer von den beiden das Männchen und wer das Weibchen ist. Und gleich könnte es passieren, dass Meng Meng über den künstlichen Bach stapft, während Jiao Qing drinnen döst. Sie sind erst seit kurzem hier, noch hat sich ihnen kein bester Freund aufgedrängt. Ich höre jedenfalls niemanden leise schreien, und es tauscht auch niemand bedeutungsvolle Blicke mit Jiao Qing aus. Oder mit Meng Meng. Eine Chinesin wedelt übertrieben mit der Hand vor ihrem Gesicht herum, als der Rauch meiner Zigarette in ihre Richtung zieht. Schnell stellt sie sich woanders hin und wirft mir giftige Blicke zu.

Gegen Ende des Tages – der Berliner Zoo soll der artenreichste der Welt sein, und man kann hier wirklich leicht den ganzen Tag verbringen – suchen wir nach einem WC. Ein Weg führt zu einem nicht allzu großen Gebäude, dessen Tür offen steht. »Das ist es bestimmt«, sagt Gustaaf. Aber es ist das Schweinehaus. Als wir hineingehen, kommt ein Schweinchen laut grunzend auf uns zugerannt. Es streckt seinen Rüssel durch das Gitter. Ich kraule es vorsichtig. Bei Schweinen kann man nie wissen. Das hier ist so ein typisches Haus, auch deshalb liebe ich Zoos. Alt, Strohhaufen in den einzelnen Boxen, draußen prasselt der Regen. Drinnen ist es warm und sicher. Hier könnte es glatt 1954 sein. Sicher und beschützt und unveränderlich und immun gegen alles Leid der weiten Welt.

In einem der Verschläge bewegt sich ein nacktes Schwein. Vollkommen borstenlos, es sieht aus wie ein chinesischer Schopfhund, mit genau der gleichen Farbe. Auch dieses Tier streckt seinen langen Rüssel durch die Gitterstäbe. Es ist ein Molukken-Hirscheber. Eine Frau kommt herein. »Wilma!«, ruft sie. Und dann: »Öhrchen!« Das nackte Schwein, das wohl Wilma heißt und demnach ein Weibchen ist, lehnt den Kopf gegen das Gitter. Die Frau krault es hinter dem Ohr.

»Sie kennen diese Schweine ziemlich gut, oder?«, frage ich sie.

Natürlich kennt sie die Schweine. »Das ist die Elke, und die da ist Chester. Sie kommt aus Chester.«

Ich betrachtete Chester, auch ein Molukken-Hirscheber, aber auf der anderen Seite des Geheges. »Elke!«, ruft die Frau.

Chester hat große Stoßzähne. »Chester mag Öhrchen nicht besonders«, sagt die Frau.

Die drei Pinselohrschweine in der hintersten Ecke des Stalls piepsen. Wie große Vögel. Komische Laute, irgendwie unwirklich. Endlich stößt das größte so etwas wie ein Grunzen aus, und Gustaaf sagt: »Ein Glück, jetzt ist alles wieder normal.« Als die Frau nicht hinguckt, streichle ich vorsichtig Wilmas Schnauze. Sie ist hart und fühlt sich an wie Ton. Wilma hat hellbraune Augen, gescheite Augen.

Die Frau sagt, dass sie die Pinselohrschweine nicht streichelt, weil sie Hormone bekämen und es Männchen seien, da wisse man nie, wie sich die Hormone auf ihr Verhalten auswirkten.

»Haben Sie eine Jahreskarte?«, frage ich.

Ja, die Frau hat eine.

»Und was kostet die?«, frage ich.

»46 Euro.«

Nur knapp die Hälfte der Jahreskarte für Artis, wo auch eine Tageskarte viel teurer ist als hier.

»Kennen Sie den Mann, der bei Ivo sitzt?«

Na sicher kennt sie den Mann, und auch sie ist eine dicke Freundin von Ivo. Vielleicht ist sie deshalb jetzt hier bei den Schweinen. Bei ihren Schweinen. Um nicht mit Ivos glatzköpfigem Freund zu konkurrieren. Sie klingt ein wenig empört, oder vielleicht eher so, als wolle sie ihren Teil der Geschichte loswerden, uns erzählen, dass der Kerl total verrückt ist und, weil er total verrückt ist, sie die eigentliche Freundin von Ivo ist. Sie behält ihre Jacke übrigens an, sie gibt nicht vor, hier im Zoo zu wohnen.

Wir verlassen das Schweinehaus, nachdem wir auf dem Plan nachgesehen haben, wo das nächste WC ist. Die Frau folgt uns im kurzen Abstand. Sie ist mit uns noch nicht fertig. Sie ist noch nicht fertig damit, uns klarzumachen, dass sie mit den Schweinen wirklich dick befreundet ist. Vielleicht sogar dicker befreundet als der Glatzkopf mit Ivo. »Irmchen!«, ruft sie. »*Schätzlein*!« Das Schwein im Außengehege rennt auf sie zu und drückt sofort den

Kopf gegen die Gitterstäbe. Sie krault es hinter dem Ohr. Das Schwein schließt halb die Augen. Dann fängt sie wieder von den Hormonen an, die die Pinselohrschweine bekommen.

Ich habe überhaupt keine Lust, zu erfahren, weshalb den Tieren Hormone verabreicht werden, aber ich kriege langsam große Lust, auch einmal zu Wort zu kommen. Ich erzähle ihr die Geschichte von Anneke Blok in dem Film *Kracht* von Frouke Fokkema. Sie hat versucht, sich im Schweinestall aufzuhängen, was nicht ganz glückt. Das Seil reißt, und sie fällt zu Boden. Dann wird sie von den Schweinen verschlungen. Die Frau putzt sich die Nase. Keine schöne Geschichte, findet sie. Irmchen macht sich mittlerweile in einer Ecke des Geheges zu schaffen.

Kurz darauf finden wir das WC, eingeklemmt zwischen den Nasenbären, den Hyänen und den Pinguinen. Danach begeben wir uns langsam Richtung Ausgang. Es ist Viertel vor vier und beinahe stockdunkel. Noch immer ist es nass und kalt. Obwohl der Kurfürstendamm nur 500 Meter entfernt ist, könnte man meinen, man spaziert durch einen Wald.

»Stell dir das mal vor«, sage ich zu Gustaaf. »In allen Zoos dieser Welt gibt es Leute wie diesen Mann und diese Frau.«

Wir gehen noch rasch ins Flusspferdehaus.

»Und alle wollen unbedingt ihre Geschichte loswerden«, sagt Gustaaf.

Ein Zwergflusspferd steht vor uns, sein Hinterteil uns zugekehrt, daneben schwimmen große Fische im gigantischen Bassin. Hier scheint niemand zu sein, der eine spezielle Freundschaft zu den Tieren pflegt. An der Wand hängt eine Tafel mit der Geschichte von Knautschke, einem der wenigen Tiere des Berliner Zoos, die den Zweiten Weltkrieg überlebten. Knautschke war ein Publikumsliebling, genau wie damals das mürrische Nilpferd Tanja in Artis. Er hat unzählige Nachkommen gezeugt, und ein

Nachkomme hat ihn 1988 so schwer verletzt, dass ihn der Tierarzt einschläfern musste.

Dann scheucht uns ein Aufseher hinaus.

»Überall auf der Welt«, sage ich, »denken so viele Menschen, dass sie eine besonders enge Beziehung zu einem Zootier haben. Dass das Herz dieser Tiere höher schlägt, wenn sie ihre Freunde kommen sehen.«

Wir zünden uns eine Zigarette an.

Stunden zuvor waren wir in der Welt der Vögel. Da habe ich zum ersten Mal einen Kiwi gesehen. Das ist das Schöne an ausländischen Zoos: Man entdeckt ab und zu ein neues Tier. Leider keinen Vielfraß, nicht einmal einen ausgestopften. Was ich aber erzählen möchte, ist, dass ich Gustaaf in dieser riesigen Voliere lauthals ausgelacht habe. Er stand leicht vornübergebeugt vor dem Käfig mit zwei leuchtend blauen Papageien und las vom Informationsschild den Namen der Vögel ab. »Hyazinthara«, sagte er. Lange her, dass ich so gelacht habe.

»Das schreibe ich auf!«, rief ich.

»Bitte nicht«, sagte Gustaaf, »Jeder verulkt mich in seinen Büchern. Auke Hulst auch schon.«

Nachdem ich kurz darüber nachgedacht hatte, wurde mir klar, dass ich es eigentlich gar nicht aufschreiben konnte, obwohl ich beruhigend zu ihm gesagt hatte: »Aber ich mache es sehr liebevoll, Gustaaf.« Wie kriegt man es hin zu erklären, dass jemand Hyazinth-Ara als ein Wort ausspricht? Mit der Betonung auf dem -thara-Teil? Es sind Aras, blaue Aras, blau wie eine Hyazinthe. Ein Hyazinth-Ara.

Die Aras waren übrigens extrem laut. Ohrenbetäubend. Deshalb haben wir sie überhaupt erst entdeckt. Wir gingen dem Lärm nach, wir dachten, in Südamerika würde ein Tier abgeschlachtet. Es war sonst niemand da. Die beiden blauen Vögel hatten keinen besten Freund. Nur uns, kurz. Lachend und redend. Nicht kühn genug, um einen Finger durch die Gitterstäbe zu stecken. Menschen. Männermenschen in schwarzen Jacken, die feucht dampften und einfach wieder nach draußen gehen, Curry- oder andere Würste essen konnten, wo immer sie wollten, die S-Bahn nehmen, um eine Viertelstunde später am Brandenburger Tor auszusteigen. Freie Männer, einer von uns hatte über ein Tier gesagt: »Ich glaube, er kennt nichts anderes. In Gefangenschaft geboren, kennt er nur diese Welt, die aus den paar Quadratmetern besteht. Keine blasse Ahnung von den Weiten der Steppe.« Was man halt so sagt, um sich die allzeit lauernde Tristesse eines Zoos schönzureden.

Wir hatten schauderhafte Fotos vom bombardierten Elefantenhaus gesehen. Fast alle Tiere sind im Zweiten Weltkrieg umgekommen. Ja, Knautschke hatte Glück, vielleicht lag er gerade in einem Bassin und ist deshalb nicht verbrannt. 90 andere Tiere hatten auch Glück. Knautschkes Mutter nicht, die ist gestorben. Männermenschen. Drecksmenschen. Vor allem, dass die Molukken-Hirscheber umgekommen sind, musste ich kurz sacken lassen. Diese nackten Schweine mit ihren gescheiten Augen und Schnauzen wie aus Ton, Wilma, Chester, eingesperrt in ihrem Verschlag. Heutzutage können 24 000 Mastschweine, alle, ohne Ausnahme, in irgendeinem Doppelstockstall in Brabant verbrennen.

Unterwegs sah ich in einem auf den ersten Blick leer wirkenden Käfig eine ganze Truppe Hausspatzen in einem seichten Betontümpel planschen. Hier sollte eigentlich ein Helmkasuar leben. Da kam er, ich hörte den Vogel, ehe ich ihn sah: Ein hämmernder Laut drang aus seiner Kehle, als würde ein Winzling in seinem Magen die Pauke hauen. Die Spatzen ignorierten ihn. Was die Spatzen wohl von diesem großen Artgenossen halten mochten?

Wie sahen sie ihn? Warum hatten sie keine Angst vor ihm, aber vor mir, falls es mir gelänge, in den Kasuarkäfig einzudringen? Das werden wir nie erfahren. Schade.

BLUMENERDE

Mit einem guten Freund saß ich in einem Restaurant. Ich kenne ihn seit über 25 Jahren. In Haarlem war das, wir kamen von einer Feuerbestattung auf dem Friedhof Driehuis-Westerveld. Das sind die Momente, in denen man nicht gern allein nach Hause geht, sondern kurz noch mit anderen zusammen sein will. Besonders im November. Ich hatte ihm von diesem Buch erzählt, und nun erzählte ich ihm vom Umschlag und dem Titel, der natürlich nicht so ohne Weiteres zustande gekommen ist. Er wollte Bruschetta als Vorspeise, ich war für Brot mit Olivenöl und Salz. Weiches Brot, kein geröstetes. Ich hatte mir mittags beim Leichenschmaus den Gaumen an einer glühend heißen Fleischkrokette verbrannt. Wir bestellten Bruschetta.

»Ich weiß nicht, ob es echt ein gutes Buch wird«, sagte er.

»Ach?«, sagte ich.

»Ja, ich habe mir das noch einmal durch den Kopf gehen lassen. Meinst du wirklich, eine Welt ohne Lerchen wäre schön?«

Da saß ich nun, den Mund voll Bruschetta, die mittlerweile gebracht worden war. Mitleid mit der Lerche überwältigte mich. Und mit dem roten Eichhörnchen und dem Limburger Biber. Ich war natürlich schon in einer eigenartigen Stimmung, hatte gerade von einem guten Menschen Abschied genommen, den ich niemals wiedersehen würde. Und mit dem Gelbbauchstreifensalamander bekam ich Mitleid, obwohl der gar nicht existiert, ich habe ihn mir einmal ausgedacht, denn es ging mir um die Idee und nicht um ein real bedrohtes Tier. Ich nahm einen Schluck Wein. Weißwein. »Ach«, sagte ich. »Ich weiß es doch auch nicht. Alles ist so kompliziert.«

Er schaute mich nachdenklich an, ebenfalls mit Bruschetta im

Mund. Später, als das Hauptgericht auf dem Tisch stand und wir beide ein Glas Wein weiter waren, sagte er: »*Potgrond*.«

»Was?«

»Dieser Titel. *Rotgrond*, miese Erde, das klingt viel zu sehr nach *potgrond*, nach Blumenerde.«

»Und?«

»Nichts und. Ich meine ja nur.«

»*Potgrond* ist doch ein tolles Wort, oder? Aber ist ja egal.«

»Und natürlich ist es schlimm, wenn Tiere aussterben.«

»Aussterben, aussterben. Wenn irgendwo auf der Welt noch ein Exemplar existiert, ist ein Tier nicht ausgestorben. Ich schreibe übrigens auch, dass ich früher, in meiner Zeit als Anstreicher, immer versucht habe, Spinnen zu retten.«

»Um sie zu retten oder damit sie nicht in deinem Anstrich landeten?«

»Um sie zu retten. Ich bringe Spinnen übrigens immer noch nach draußen, ich könnte sie nie töten.«

»Es wäre schlimm, wenn es keine Schwalben mehr gäbe«, sagte mein Freund.

»Stimmt«, musste ich zugeben. Ich ersetzte das Wort *schlimm* nicht einmal durch das Wort *schade*. »Denn dann wäre es nie mehr richtig Sommer.«

Das Pärchen neben uns bekam das Hauptgericht, einen großen Salat, garniert mit Speckstreifen. »Ich bin Vegetarierin«, sagte das Mädchen. »Wir hatten den vegetarischen Salat bestellt.« Der Kellner nahm den Salat wieder mit. »Kann etwas dauern«, sagte er. Kurz darauf kam der vegetarische Salat, statt Speck nun mit Parmesansplittern. Viel Mühe hatte der Koch sich nicht gegeben.

Wir tranken noch einen Espresso und ein Gläschen Grappa.

»Ja«, sagte mein Freund, »ist ja auch kompliziert, die ganze Natur und das Geld, das dafür draufgeht. Oder auch nicht. Und der ganze Dung und tote Bäume.« Er trank einen Schluck Grappa. »Und verbrannte Schweine und Glyphosat. Und Peter Wohlleben. Ich werde das Buch lesen.«

»Ja, mach das«, sagte ich versöhnlich. »Vielleicht spricht es dich ja an.«

»Und dass heute dies in der Zeitung steht und morgen das. Wie soll man denn bloß wissen, was wahr ist?«

»Das kann man nicht wissen«, sagte ich. »Abwarten ist das Einzige, was man tun kann.« (Mein Freund ist so einer, der noch ein Handy hat, mit dem man nur telefonieren und SMS verschicken kann. Facebook, Twitter oder Instagram kennt er nicht. Er hat nicht den leisesten Schimmer, was da alles vor sich geht. Wie sich die Leute ankeifen und ihre Meinungen auf etwas gründen, aber auf was eigentlich? Berichte und Studien. Die anderen keifen auch und gründen ihre Meinungen auf andere Berichte und Studien. Wenn sich nur die Berichterstatter und Wissenschaftler ankeifen würden, könnte man das ja noch verstehen.)

Gegen zehn gingen wir durch das nasse Haarlem zum Bahnhof. Die Einkaufsstraßen waren fröhlich erleuchtet. Es war ein Donnerstag. Allerlei schöne Abende standen vor der Tür. Im Zug sprachen wir nicht mehr viel. Nur das sagte ich noch: »*Birnbäume blühen weiß* ist einer meiner schlechtesten Titel. Wenn die Leute diesen Titel aussprechen, macht die Hälfte daraus *Birnbläume*. Wegen des L's im zweiten Wort. Dafür gibt es vermutlich eine linguistische Erklärung. Aber das Buch verkauft sich noch immer. Schon seit knapp 20 Jahren.«

TOTENNATUR

Driehuis-Westerveld ist ein unglaublich schöner Friedhof – für alle, die einmal irgendwo anders draußen sein möchten. Er liegt in den Dünen. Man kann dort das Grab von Boudewijn Büch und den Grabstein von Pim Fortuyn sehen. Der Stein steht noch da, Fortuyn selbst wurde in das italienische Dorf überführt, in dem er ein Haus besessen hatte. Der Grabstein von Multatuli, einem der ersten, die sich einäschern ließen. In Deutschland übrigens, in Gotha, um genau zu sein, doch später wurden seine Asche und die seiner Frau auf Driehuis-Westerveld beigesetzt. Auch Aletta Jacobs und Anthony Fokker liegen dort.

Der Friedhof wurde von Louis Paul Zocher entworfen. Auf der Webseite steht: »Wegen der prachtvollen Natur, der einzigartigen Denkmäler und der fast un-niederländischen Ausstrahlung ist Westerveld bei Spaziergängern und Natur- und Vogelliebhabern sehr beliebt. Und das nicht zu Unrecht. Den reizenden Park bestimmen die Farben der Jahreszeiten, und die ursprüngliche Schönheit des Architekturentwurfs aus dem Jahr 1888 kommt noch immer vollkommen zum Ausdruck. Auf Westerveld haben im Laufe der Jahre auch besondere Blumen und Pflanzen Wurzeln geschlagen und sich, nicht zu vergessen, Vögel angesiedelt. Dies macht ihn zu einem anerkannten Vogelschutzgebiet. Die natürliche Hügellandschaft bietet überraschende Aussichten oder eben intime Durchblicke. Und überall Gräber, manche bescheiden und schlicht, andere monumental. Einige Gräber sind so alt, dass sie langsam in ihrer Umgebung aufgehen. Die Verstorbenen haben hier – buchstäblich – ewige Ruhe gefunden. Ganz im Sinne der Gründer von Westerveld.«

Jedes Wort wahr. Aber auch die Gebäude, darunter die Kolumbarien, die von Willem Marinus Dudok entworfen wurden, sind großartig. Zeitlos. Un-niederländisch, in der Tat. In meinen Augen ist ein Friedhof Natur, nicht Kultur. Kein Garten. Fast immer ist es dort still, und weil die Gräber so alt sind, liegen sie versteckt im Gras, zwischen den Sträuchern, den Baumwurzeln. Überall Vögel. Ruhe, Frieden, Besinnung. Alles Begriffe, die man auf »die Natur« loslassen kann.

Zorgvlied an der Amstel in Amsterdam ist auch so ein wunderschöner Friedhof. Dort gibt es ein Denkmal, die »gebrochene Säule«, für alle auf diesem Friedhof begrabenen Dichter und Denker. Da kommen einige zusammen. Hans Andreus, Frans Kellendonk, Paul Biegel, Annie M.G. Schmidt, Martin Bril, Elisabeth Eybers, Jean-Paul Franssens, Adriaan Jaeggi, Heere Heeresma, Gerrit Kouwenaar, Alfred Kossmann, Doeschka Meijsing, Erik Menkveld, Harry Mulisch, Arthur van Schendel, Victor E. van Vriesland. Atmosphärisch ähneln sich die beiden Friedhöfe. Warum auch nicht: Jan David Zocher und sein Sohn Louis Paul Zocher haben sie entworfen.

Westerveld jedoch mag ich besonders, weil ein Freund aus der Zeit meiner Gärtnerlehre dort arbeitet. Erst nur als Gärtner, inzwischen auch als Trauerbegleiter. »Gastgeber« heißt das in den Niederlanden. Vor etwa fünf Jahren stand er am Eingang des Dudoksaals. Grauer Anzug, ernstes Gesicht. Als er mich sah, gab er mir die Hand und sagte erstaunt: »Was machst du denn hier?!« Als hätten alle anderen, die zur Einäscherung gingen, dort etwas zu suchen, nur ich nicht. Als würde um mich herum nie jemand sterben. Früher ging ich mit ihm im September manchmal in der Dünenlandschaft Amsterdamse Waterleidingduinen Libellen oder im Winter bei IJmuiden am Strand Meeresstrandläufer zählen. Und einmal gab er mir eine Privatführung über den Friedhof. Deshalb weiß ich auch, dass Pim Fortuyns Grab leer ist.

Hier in der Eifel muss man sich ordentlich anstrengen, um eingeäschert zu werden: Das nächstgelegene Krematorium befindet sich in Bonn, 135 Kilometer entfernt. Und während in den Niederlanden am Ort der Einäscherung eine Trauerfeier stattfindet, genau wie bei einem Begräbnis, mit Reden, Musik und Tränen, einem wirklichen Abschied, werden die Toten hier ohne viel Federlesens zum Krematorium gebracht, wo sie an einem Tag und zu einer Uhrzeit, die den Hinterbliebenen meist nicht bekannt sind, verbrannt werden. Irgendwann folgt dann ein *Sterbeamt*, eine spezielle Totenmesse, oder eine Trauerfeier, manchmal erst nach der Einäscherung und immer ohne Sarg.

Ziemlich viele Deutsche lassen sich übrigens in den Niederlanden einäschern, denn so haben die Angehörigen die Möglichkeit, die Urne mit nach Hause zu nehmen. In Deutschland herrscht nämlich der sogenannte Friedhofszwang: Die Urne muss auf einem Friedhof bleiben. Verstreuen ist verboten. Die »Niederlanderoute« bietet die Möglichkeit, die Urne selbst abzuholen und die Asche eventuell klammheimlich zu verstreuen. Hinzu kommt, das mag nun komisch klingen, dass es in den Niederlanden auch viel netter vor sich geht. Denn dort findet erst die Trauerfeier statt und danach, sehr wichtig, eine Zusammenkunft mit Kaffee oder Wein und Kuchen oder Salzstangen.

Aber das für Deutschland ziemlich fortschrittliche Begraben in der Natur boomt. Allein in der Eifel gibt es drei Ruheforste. Der rote Faden in diesem Buch, Peter Wohlleben, hat so einen gemeinsam mit anderen gegründet. Den Ruheforst Hümmel. In Gerolstein und Bad Münstereifel hat man auch die Möglichkeit, Urnen in einem Wald beizusetzen. Urnen – also muss erst, weit weg, eine Einäscherung stattgefunden haben.

Nachbarin Trappen ist im vergangenen Juli im Alter von 97 Jahren gestorben. Ich war zum *Sterbeamt* in der Kirche in Feuerscheid eingeladen. Sohn Hansi, den ich recht gut kennengelernt habe, als er und seine Schwester Sigrun ein Jahr lang ihre Mutter pflegten, bevor sie in ein Pflegeheim in Balesfeld kam, hat mir eine SMS geschickt. Vor dem Kirchenportal stand ein Leichenwagen, was die Frage aufwarf, ob die Verstorbene noch begraben werden sollte. Die Trauerfeier verlief ziemlich chaotisch, weil die Orgel kaputt war und man schleunigst eine andere besorgen musste, die dann während des Gottesdienstes hereingebracht wurde. Die Enkelkinder sangen ein Lied, begleitet von dieser Behelfsorgel, und eine der Enkelinnen beschloss plötzlich, das Lied, für den größeren dramatischen Effekt, eine Oktave höher enden zu lassen, was so schief klang, dass die versammelten Kirchgänger unwillkürlich die Schultern hochzogen. Ich hatte einen guten Blick, denn ich stand an der Tür. Es war nämlich herrliches Wetter, und an der Tür steht man immer besser, als wenn man in der ersten Reihe sitzt. Der Pfarrer nannte Nachbarin Trappen immerzu Treppen. Ich studierte die Trauerkarte und entnahm ihr, dass ihr Name nicht einfach Maria Trappen gewesen war, sondern Maria Apollonia Trappen.

Erst während des Leichenschmauses im Gasthaus Am Pääsch wurde das Rätsel des Leichenwagens gelöst: Nachbarin Trappen war am Morgen in einem Wald bei Gerolstein beigesetzt worden. Unter Baum 109, erzählte Hansi. Wenn ich wolle, könnten wir einmal gemeinsam vorbeischauen, am Baum 109. Er erklärte auch, weshalb die Trauerfeier in Feuerscheid stattgefunden hatte und nicht in der – viel hübscheren – Kirche von Wawern, wo Nachbarin Trappen geboren worden war. Weil, so sagte er, sie sich dieser Gemeinde immer so verbunden gefühlt habe. Da mussten Nachbar Klaus, der neben mir saß, und ich grinsen. Nachbarin Trappen hat, seit ich sie kannte, immer nur auf Schwarzbach geschimpft, und damit implizit auf die Ortsgemeinde Feuerscheid. Bei einem der ersten Male, als ich sie besuchte, wurde sie wütend, weil ich dachte, sie stamme aus Schwarzbach. Wie ich bloß darauf kommen würde?! Sie stamme aus Wawern! Wawern liegt genau drei Kilometer entfernt. So eng sieht man das hier. Und, wollen wir mal ehrlich sein, es sind zwar nur drei Kilometer, trotzdem ist es dort völlig anders, viel offener, mehr Wiesen, weniger Wald, weniger Hitze.

Begraben werden, beigesetzt werden, in einem Wald. Aufgehen in der Natur. Auf ewig – das kann man regeln – Teil des Ökosystems werden. Es gibt Menschen, die finden das toll. Ein diskretes Kreuz an der Bestattungsstelle oder ein kleines Schild an einem Baum. Ein Ruheforst sieht überhaupt nicht wie ein Friedhof aus. Ich vermute, dass es im Falle der Familie Trappen einen praktischeren Grund gegeben hat, womöglich der Grund, warum sich in der Eifel immer mehr Leute dazu entschließen: Man muss sich nicht mehr kümmern.

Hier sind alle katholisch. Kürzlich habe ich in der Dämmerung meine leeren Flaschen in den Glascontainer in Feuerscheid geworfen. Der steht neben dem Friedhof. Auf fast jedem Grab flackerte eine Kerze. Jedes Wochenende ziehen tausende Eifeler auf die Friedhöfe, um die Gräber zu pflegen. Das gehört sich so. Sommerpflanzen rein, Sommerpflanzen raus, Herbstpflanzen rein usw. Harken. Herrichten. Kerze anzünden. (Hier in der Gegend ist es schwer, Friedhöfe als ein Stück Natur zu betrachten, sie sind dermaßen mit der Harke bearbeitet, streng und ordentlich, dass manch ein Garten daneben verblasst.) Zwei der drei Kinder von Nachbarin Trappen wohnen weit weg, nur einer lebt in Wawern. Man kann von diesem einen nicht erwarten, dass er jedes Wochenende zum Friedhof geht, während die anderen keinen Finger rühren. Die Lösung ist also ein Baum im Wald. Baum 109. Keine Ahnung, wie man so einen Baum finden soll, aber ich werde dahinterkommen. Ich werde sie finden, und ich brauche keine Angst zu haben, auf den verbrannten Resten eines Menschen zu stehen, denn auch in einem Ruheforst ist das Verstreuen der Asche strengstens verboten.

ENTWÄSSERUNGSGRÄBEN UND TROCKENPLÄTZE

Es sind viele Definitionen von Natur in Umlauf. Hier ist eine davon: »Begriff für das Konzept der physischen Welt, einschließlich der Kräfte, die in ihr wirken, und des nicht-menschlichen Lebens darin, von Menschen wahrgenommen als getrennt und unabhängig von ihnen selbst, ihren Aktivitäten und ihrer Zivilisation.«

Dies ist eine andere: »Alles, was sich spontan entwickelt oder behauptet, aber nicht als Ergebnis menschlichen Handelns.«

Eine dritte: »Die vom Menschen unberührte Wirklichkeit, ursprünglich aufgefasst. Gegensatz zu Kultur.«

Noch eine, sehr knappe: »Die existierende Flora und Fauna.«

Streng genommen würde ein einziger Schritt eines Menschen in einem urwüchsigen Wald aus diesem Wald bereits eine Kulturlandschaft machen. Gehört ein Hund zur Natur? Bestimmt nicht, denn Hunde werden gezüchtet. Die Tierart ist durch menschliches Eingreifen entstanden. *Fauna* wird wohl ein Begriff sein, der ausschließlich natürlich evolvierte Tiere umfasst. Ich frage mich, ob Pflanzen, die in einem Garten wachsen, Natur sind. Wahrscheinlich nicht, sie wurden veredelt, aus Wildpflanzen gezüchtet. Sicher ist, dass jede Gartenpflanze einen Urahn hat, der einst zum natürlichen Bewuchs gehörte. Wenn man eine Runde durchs Deichvorland geht oder woanders spaziert, wird man immer eine Pflanze entdecken, die einer Pflanze im eigenen Garten stark ähnelt. Auffällig ist, dass fast alle Definitionen von Natur den Menschen ausschließen. Sind Menschen im Spiel, ist die Natur keine Natur mehr.

In den Niederlanden gibt es jede Menge Kulturlandschaft, und das ist nicht verwunderlich. Wir leben in einem Land, das 41543 Quadratkilometer groß ist. Stattliche 17 Millionen Einwohner. 409 Menschen auf einem Quadratkilometer. Nein, stimmt nicht, denn 18 Prozent des Landes bestehen aus Wasser. Dann sind es eben um die 500 Menschen auf einem Quadratkilometer. Zum Glück gibt es volle und leere Quadratkilometer. Grob gesagt, wohnen die Menschen in den Städten übereinander, während es auf dem Land ziemlich leer ist. Von den etwa 40 Naturschutzgebieten abgesehen, die sich wieder in 20 Nationalparks (etwa Hoge Veluwe, Biesbosch, Lauwersmeer und die Dünen von Texel) und 20 Nationale Landschaften unterteilen, sind die Niederlande, auch wegen der agrarischen Vergangenheit und Gegenwart, Kulturlandschaft. Übrigens zeichnen sich diese sogenannten Nationalen Landschaften gerade durch die einzigartige Kombination von Ackerland, Natur und Kulturgeschichte aus.

Leider betrachten viele Leute – ich generalisiere jetzt – eine Kulturlandschaft nicht als Natur. Was schade ist und in meinen Augen auch unberechtigt. Gerade in einem Land wie den Niederlanden, wo 500 Menschen auf einem Quadratkilometer miteinander auskommen müssen. Wo das Bewahren oder Wiedereinführen von Natur Konflikte erzeugen kann. Wenn es im Winter nicht genug zu fressen gibt, sollen die Rinder in den Oostvaardersplassen dann den Gnadenschuss bekommen, oder sollte man der Natur ihren Lauf lassen? Das Naturentwicklungsgebiet Oostvaardersplassen, wo – so lese ich in dem Buch *De Oostvaardersplassen – voorbij de horizon van het vertrouwde* (»Die Oostvaardersplassen – über den Horizont des Vertrauten hinaus«) – auf »6000 Quadratkilometern Tiere und Pflanzen in einem subtilen Zusammenspiel und nach den Gesetzen der Natur miteinander leben und sterben«, ist übrigens das Ergebnis eines sehr niederländischen Eingreifens in die Natur: Einpolderung.

Was kann man sich Schöneres denken als eine kulturhistorisch gewachsene Landschaft? Man ist draußen, es gibt viel Himmel, oft Wasser, es gibt Bäume und Sträucher, Tiere. Wenn es gelingt, die strenge Definition von Natur zu vergessen (dort, wo Natur ist, dürfen keine Menschen (gewesen) sein), wird es wohl auch gelingen, Kulturlandschaften als Natur zu begreifen. Aber Natur mit einem Extraelement, alles gratis und umsonst: mit Geschichte. In der Natur, der richtigen, unberührten Wildnis, kann man beim besten Willen keine Geschichte rekonstruieren. Natur ist da. Kulturlandschaft ist geschaffen.

Vor kurzem radelte ich wieder einmal von Amsterdam nach Monnickendam. Durch Waterland, eine alte wasserreiche Moorlandschaft. Sieht man das Wasser in den Gräben entlang der schmalen Wege bis zum Asphalt stehen, weiß man, das hier ist ein Moor. Moor braucht Wasser. Wenn Moor austrocknet, senkt es sich ab. Versucht man, diese Absenkung später mit Wasser wieder ungeschehen zu machen, gelingt das nicht. An manchen Stellen steht das Wasser so hoch in den Gräben, dass es den Weg überflutet. Und dann, mit einem Mal, rollte mein Fahrrad wie von selbst, und ich kam in einen Teil von Waterland, der sich vom Rest erheblich unterscheidet: Das Wasser in den Gräben steht niedrig. Hier muss einmal ein kleiner See gewesen sein, der eingepoldert wurde. Der Boden enthält also keinen Torf, sondern Lehm. Hier wurde entwässert. Das ist der Belmermeer-Polder. Überall sieht man die Spuren der Arbeit, jahrhundertelang von den Bauern verrichtet, die auf diesem Boden ihre Kühe grasen ließen und grasen lassen. Kein Landbau, das ist in dem nassen Moor nicht möglich. Und noch etwas, das nicht funktioniert: Flurbereinigung. Daher die Schlängelwege, die Wassergräben, die die Landschaft selten wie ein Lineal durchschneiden. Daher diese nostalgische Atmosphäre, der Gedanke, dass es hier seit jeher so gewesen ist. Ein Zufluchtsort für Wiesenvögel, Gänse und auch Weihen.

Die Naturschutzgebiete Ankeveense Plassen und die Weerribben sind vom 16. bis 18. Jahrhundert durch das Torfstechen entstanden. Das kann man erkennen an den langen, kerzengeraden Entwässerungsgräben zwischen den genauso langen und kerzengeraden Trockenplätzen. Man sieht der Landschaft an, dass in ihr gearbeitet wurde, man sieht ihr auch an, wie in ihr gearbeitet wurde. Ein Riesenvorteil ist, dass man sich dort einfach aufhalten darf. Man kann wandern, Kanu fahren oder rudern und im Winter natürlich Schlittschuhlaufen. Das darf man in den Oostvaardersplassen und manchen anderen Naturschutzgebieten nicht. Außer im Winter, da ist es den Betreibern unmöglich, die Scharen an Eisläufern außerhalb der oftmals eingezäunten Gebiete zu halten. Hier gibt es, wie in der Wildnis, frische Luft. Kein Anzeichen von Feinstaub. Vögel bringen je nach Jahreszeit verschiedene Laute hervor. Hier ist Platz, und hier sind Wolken. Gras und Wallhecken produzieren Sauerstoff. Iltisse und Dachse überqueren die schmalen Wege. Ist das nicht Natur genug? Doch, es ist sogar Natur XL. Gerade wegen des historischen Kontexts der Landschaft.

DER LETZTE GARTENTAG

Regen, den ganzen Tag lang. Kalter Regen, der manchmal in nassen Schnee überging. Trotzdem war ich draußen. Ich holte schwarz erfrorene Geranien aus den Töpfen und warf sie in den Korb, den ich anstelle einer Schubkarre benutze. Eine Schubkarre bringt nichts in einem Garten, der am Hang liegt. Die nicht ganz so angegriffenen Geranien rettete ich und stellte sie in den Hauswirtschaftsraum. Obwohl ich mir vorgenommen hatte, alle wegzuschmeißen und nächstes Jahr neue zu kaufen. Auf dem Bauernmarkt in Bitburg steht immer ein niederländischer Blumenmann, der gute Geranien verkauft. Gut und günstig. Aber auch ich werde manchmal von dem, was ich im Rahmen dieses Buchs meinen »Wohlleben-Moment« nenne, überwältigt. Ein Jammer, denke ich dann. Für die Pflanzen, die den ganzen Sommer bis fast in den Winter hinein alles gegeben haben. Ich schnitt, sie produzierten immer neue Blüten. Ich weiß, dass sie binnen kürzester Zeit von Schimmel befallen werden, auch weil ich sie eben klatschnass weggestellt habe. Ich werde sie also trotzdem irgendwann wegwerfen. So geht das schon seit drei Jahren.

Am Nachmittag schnürte ich meine Wanderschuhe. Im Haus sitzen konnte ich nicht. Ich war zappelig, hatte das Ladegerät des Laptops in Amsterdam liegen lassen. Mein Neffe Casper wollte mir das Ding per Express schicken, mit Sendungsverfolgung. Aber, na ja, per Express. In der Eifel ist das eher unbekannt. Ich bestieg den Hügel hinter meinem Haus, merkte wieder einmal, wie steil er war, und überquerte keuchend die Weide. Ich laufe dort immer entlang, aber seit Wolfgangs Hund Eppi auf dem Weg oben am Haus Rauhaardackel Jet angegriffen hat, der Gartenkumpel Han gehört, bin ich vorsichtig. Ich war Eppi schon oft da begegnet, wie ein Hund aus einem Gruselfilm tauchte sie dann zwischen den Fichtenstämmen auf. Bellend. Oder unterdrückt knurrend. Ich rief jedesmal »Eppi!«, und gut war's. Manchmal kam sie aus dem Wald heraus und ließ sich sogar streicheln.

Immer folgte ihr Wolfgang – der in einem kleinen, feuchten Haus an der L5 wohnt – auf dem Fuß. Seit der brutalen Attacke beteuert er mir, dass Eppi ständig *eingesperrt* sei. Anscheinend verlasse ich mich nicht völlig darauf. Komisch eigentlich, denn Eppi war während ihres Angriffs vollkommen auf Jet fixiert und sah uns nicht einmal. Han und ich zogen und zerrten an der großen Hündin, ohne dass sie Anstalten machte, uns anzugreifen, und trotzdem bin ich jetzt vorsichtig. Vielleicht, weil ich noch das Bild im Kopf habe, sie am Boden, über ihr Wolfgang. Er gab ihr mehrere harte Schläge auf die Schnauze. Während Wolfgang sie bestrafte, schaute Eppi mich an, ich stand nun einmal dort. Han und Trijntje und Jet waren da schon nach Hause gegangen. Ich fürchte, der Hund hat mich in schlechter Erinnerung.

Deshalb lief ich quer über die Weide. Im Regen. Wie jeden Herbst war Bauer Becker aus Untere Hardt mit dem Misthaufen am Weiderand beschäftigt. Der Misthaufen dampfte. Als ich dahinter hinabstieg, in den Wald hinein, sah ich, dass Bauer Becker sich nicht nur am Misthaufen zu schaffen machte, sondern auf dem steilen Hang auch eine Ladung Müll ausgekippt hatte. Vor allem alte Teppiche – wie eine Lawine, die nach unten stürzt; eine trichterförmige Abfallspur. Bauer Becker sollte das sein lassen. Ich weiß nicht, ob das sein Land ist oder ob er es pachtet. Aber ich weiß, dass der Wald dahinter anderen Menschen gehört, Helmut aus Lasel und dem Mann, der an der Straße nach Feuerscheid wohnt und der, glaube ich, auch Klaus heißt. Selbst wenn das Stückchen Land an der Weide wirklich Bauer Becker gehört – er sollte das lassen.

Ein gutes Stück weiter bemerkte ich etwas Weißes, kurz stockte mir der Atem, weil ich dachte, es wäre ein Wolf. Ich kapiere einfach nicht, weshalb sich die Wölfe nicht *en masse* in der Eifel ansiedeln, statt sich hinter der deutsch-niederländischen Grenze, viele Kilometer nördlich, überfahren zu lassen. Die Eifel ist ein unbewohntes Schlaraffenland. Aber es war kein Wolf, sondern ein Stück Teppich, das wahrscheinlich von einem Tier verschleppt worden war. Im Wald war gesägt und geschnitten worden, der Weg war zerfurcht von Reifenspuren und rutschig. Dicke Fichtenstämme hatten grüne Markierungen. Und rote, grellgelbe und blaue. Von den vier Farben erscheint mir Grün die positivste, aber so funktioniert das nicht in der privaten Forstwirtschaft. Die Wahrscheinlichkeit ist groß, dass diese »grünen« Bäume bereits gefällt sein werden, wenn ich in einem halben Jahr wieder einmal herkomme.

Im Tal rauschte der Bach ohrenbetäubend, in der letzten Zeit hatte es so viel geregnet, dass aus Bächen kleine Flüsse geworden waren. Auf dem Weg Richtung Feuerscheid hatte jemand Rinnen gegraben, damit das Wasser besser abfließen konnte. Zwei Rehe sprangen weg, die weißen Hinterteile deutlich sichtbare Wolfsanlocker. Immer noch Regen, es ging auf fünf zu. Fast dunkel. Nicht schlimm, ich war absichtlich in die Dämmerung hineingelaufen. Am Kreuzweg bog ich links ab. Rechts lag Feuerscheid. Links war ein steiler Anstieg, nur Matsch und Laub. Ich hatte ein Ziel, drehte nicht nur zum Spaß eine Runde. Vorwärts, ich wollte der Unruhe ans Leder, aber vor allem wollte ich mich meinem Haus vom Westen her nähern. Mittags hatte ich den *Lichtschlauch* am Holzschuppen und teils am Pflaumenbaum daneben befestigt und den Zeitschalter auf halb fünf gestellt. Ich stellte mir vor, dass, sobald das große weiße Haus der neuen Nachbarn Lien und Rinus hinter mir lag und ich vor meinem Garten stand, ein weihnachtliches Schauspiel zu sehen sein würde.

Auf der L33, nahe dem Forstweg, überholte mich ein weißer Bus. Der Busfahrer hielt mitten auf der Straße an, in einer Haarnadelkurve. Ob ich nach unten wollte? Ich deutete auf den Weg. Der Mann nickte und fuhr weiter, ich konnte gerade noch den Daumen in die Luft strecken und »Danke!« rufen, um ihm zu zeigen, dass ich sein Angebot zu schätzen wusste. Eile kennen sie hier nicht, aber Leute aufsammeln, die einfach auf der Straße herumlaufen, das machen sie. Die Weide von Bauer Becker, jetzt von der anderen Seite betrachtet, nahm sich fahl aus, der grün gestrichene Hochsitz am Waldrand hob sich nicht gegen die Fichten dahinter ab.

Ein Mann mittleren Alters, in einer dreckigen Arbeitshose und mit verschlissener Mütze, im Regen, zu Fuß. So sehe ich mich oft selbst und begreife, wie seltsam ich wirke, so wie ich früher Leute seltsam gefunden habe, die nicht allem und jedem in Wieringerwaard entsprachen. Meist waren das alte Männer auf Fahrrädern. Das war seltsam. Wieso waren sie nicht mit einem Auto unterwegs? Heute bin ich selbst ein älterer Mann auf einem Fahrrad, unterwegs nach Schönecken, mit einem Kasten vorne dran, für die Einkäufe, und einem Rucksack, auch für die Einkäufe. Trotzdem finde ich mich nicht seltsam. Nur sehr selten sehe ich mich so und fast immer nur, wenn mich jemand anders gesehen hat, wie dieser Busfahrer. Du bist, wie andere dich sehen. Und: In der Stadt – wo jeder ein bisschen seltsam ist und tausende Menschen Rad fahren – sehe ich mich selbst nie so. Wieder am Becker-Land angekommen, musste ich mir einen Fehler eingestehen: Ich hatte ohne Grund vermutet, dass Becker den Müll dort abgeladen hatte. Aber wahrscheinlich hatte das ja ein anderer getan, irgendwer, der nicht einmal hier in der Gegend lebt, der nachts auf die Weide gefahren war.

Ich kam am Haus von Nachbarin Hannelore vorbei. Jemand war bei den Ziegen. Zwölf sind es. Viel zu viele, ein paar müssen weg. Ziegen sind lustige Tiere und sehr aufmerksam. Ich meine: Nie würde dir eine Ziege das Hinterteil zudrehen, sie wollen immer zu dir, wollen wissen, mit wem oder womit sie es zu tun haben. Sie sind neugierig, auf eine besonnenere Weise als Kühe.

Ich konnte diesen Jemand nicht erkennen, vielleicht eine neue Gehilfin, meist waren das Frauen aus Polen oder der Ukraine. Ich rief »Hallo«, aber sie reagierte nicht, wahrscheinlich hatte sie mich nicht gehört. Sie trug eine Mütze und darüber die Kapuze ihrer Regenjacke. Nachbar Rinus hatte bereits Krach mit Hannelore gehabt. Sie hatte seine Hunde beschuldigt, ihr Katzenfutter gefressen zu haben. Was gar nicht sein kann, weil die Hunde immer im Haus oder auf dem Hof sind. Später stellte sich heraus, dass Ben, der schwarze Labrador von Peter und Maria aus Nimshuscheidermühle, der Übeltäter gewesen war. Der hatte dafür einen Kilometer laufen müssen, anscheinend ist Nachbarin Hannelores Katzenfutter sehr lecker.

Mein Herz klopfte erwartungsvoll. Noch ein paar Schritte, und ich würde freie Sicht auf Schwarzbach haben, auf mein Haus als eines der letzten. Es war stockdunkel. Das gefiel mir nicht, und als ich am Haus von Max und Margret vorbeilief, drehte ich mich nicht zur Seite, um Max zuzuwinken. Max sitzt immer in derselben Zimmerecke auf der Bank, nah am Fenster. Jetzt, wo es Winter wird und er nicht mehr mähen oder im Gemüsegarten herumwerkeln kann, schaut er schon ab vier Uhr nachmittags Fernsehen. Noch ein Stück weiter, an der Stelle, an der der Forstweg auf die L33 trifft und die Straßenlaterne bereits brannte, drehte ich mich doch noch um und hob die Hand. Max reagierte umgehend, als hätte er nur darauf gewartet. Er schnellt dann immer ein Stückchen hoch. Ich war froh, dass ich ihm zugewinkt habe, denn ich bin jemand, der sich zwei Stunden später unendliche Vorwürfe wegen so einer albernen Sache machen kann. Wo Margret beim Fernsehen sitzt, weiß ich nicht.

Abends suchte ich im Internet nach der Bedienungsanleitung meines Zeitschalters. Wie ich vermutet hatte, musste ich den Pfeil im Ring mit den Strichen auf die richtige Uhrzeit stellen. Ich wartete elf Minuten, dann stellte ich den Schalter auf Punkt 19.00 Uhr.

Am nächsten Tag ist es trocken. Der letzte Gartentag. Den gibt es, streng genommen, natürlich nicht. Ich beginne damit, das Eichenlaub zusammenzuharken. Weil ich keine Lust habe, es in den Korb zu werfen und nach oben zu tragen – der Komposthaufen ist hinter dem Haus, das bedeutet, mindestens 20 Meter bergauf zu klettern –, reche ich das Laub auf eine ausgebreitete Plane und streue es dann neben der Straße aus. Das ist etwas anderes, als alte Teppiche im Wald zu deponieren, das hier ist Grünzeug; ich bereichere die Erde auf der gegenüberliegenden Straßenseite. Danach hole ich im Hauswirtschaftsraum zwei Pappkartons mit Tulpenzwiebeln aus dem Verschlag unter der Betontreppe. Hunderte Zwiebeln, die ich jedes Jahr Ende Juni, Anfang Juli aus der Erde buddele. Kann man machen, aber sie müssen irgendwann auch wieder zurück in die Erde. Verflixt, nur wo? Drei Tulpen wirken immer so traurig, es müssen schon mindestens 20 oder 30 sein.

Der erste Karton ist unerwartet schnell leer. Aber ich finde noch einige Brachflächen. Außerdem stecke ich zum allerersten Mal Tulpenzwiebeln in zwei große Blumentöpfe. Wie gut, dass ich ein paar Geranien weggeschmissen habe. Der zweite Karton bleibt stehen. Also doch kein letzter Gartentag. Es sind verschiedene Arten von Tulpen, sogar in verschiedenen Farben, aber von den Zwiebeln kann ich kaum auf die Sorte schließen, nur die kleinen erkenne ich, die ich wilde Tulpen nenne, deren Name aber eigentlich *Tulipa turkestanica* ist. Jedes Jahr ist es wieder eine Überraschung, was wo aufblüht. Die Farben meiner Tulpen beißen sich fast nie, dafür sind sie – bis auf die eine leuchtend rote – zu zart.

(Sich beißende Blumenfarben. In Gartenbüchern und in *Gardeners' World* wird immer davor gewarnt. Dass man mehrjährige Pflanzen nicht einfach so nebeneinander setzen darf, dass man auf die Farben der Blumen achten soll. Ich kann das schon nachvollziehen, und mir gefallen auch Beete, in denen die Blumen fast die gleiche Farbe haben. Und dass jemand sich Gedanken gemacht hat und es den Gartenbesuchern auffallen wird. Aber eigentlich können sich Blumenfarben gar nicht beißen. Selbst wenn sie den Augen der Betrachter wehtun. Blumen können doch nichts dafür, dass ihr Rot anders ist als das Rot der Nachbarblüte. Rot ist Rot. Mir ist klar, dass eine mehrjährige Pflanze immer *geschaffen* ist, kultiviert, trotzdem sehe ich sie als Natur, als natürlich. Ich betrachte es als *ton sur ton*, dieses Prinzip bevorzuge ich übrigens auch bei meiner Kleiderwahl.

Manchmal weisen Leute mich darauf hin. »Was hast du denn da bloß an?« »Das nennt man *ton sur ton*«, antworte ich dann pedantisch. Vielleicht habe ich einfach ein anderes Farbempfinden. In meinem Garten gibt es nur eine Pflanze, die Kronen-Lichtnelke (*Lychnis coronaria*), die eine so fürchterliche Farbe hat, dass sie sich mit allen anderen beißt. So richtig knallhart beißt. Man erhält sie in zwei Varianten: violett und weiß. Die weiße ist toll, weiß ist nie verkehrt, aber die violette – und die wächst bei mir – ist zum Wegschauen. Deshalb steht sie allein. In einem Blumenbeet von ein mal eineinhalb Metern. Rappelvoll ist es da, auch darum herum, denn die Lichtnelke sät sich selbst leicht aus, und das rasend schnell. Sogar als Solitär tut die Farbe den Augen weh. Aber ach, was ist sie für eine dankbare Pflanze: Sie blüht länger als jede andere – bei mir mindestens fünf Monate, – und man wird sie nie wieder los, weil sie sich immerzu selbst aussät.)

Dann schneide ich die toten Blätter und Stiele der Astern, den schokoladenbraunen Bronze-Felberich (*Lysimachia ciliata* »*Firecracker*«, ein unglaublicher Wucherer), die *Helianthus* und die *Achillea*. Die stehen alle hinter dem Haus, am Hang. Mitten unter dem unausrottbaren Giersch. An manchen Stellen habe ich aufgegeben und einfach echte Pflanzen dazwischen gesetzt, um das Unkraut zu verschönern. So ist der Mensch, so bin ich: erst (siehe Kapitel *Unser eigener Garten*) auf die Gartengurus schimpfen, die vorschlagen, mehrjährige Pflanzen zwischen den Giersch zu setzen, und Jahre später – notgedrungen? – doch genau dasselbe tun. Nach ein paar Stunden ist es ein anderer Garten. Ein planer Garten. Der Übergang Garten-Wald ist abgemildert, der Unterschied zwischen Kultur und Natur wurde von der Jahreszeit beinahe aufgehoben. Wie immer im Winter. Frost und Schnee sind große Gleichmacher, es sieht auf der anderen Straßenseite – steile Wiesen, Buchen und Haselsträucher – genauso aus wie im Garten. Der Garten existiert einfach für ein paar Monate nicht. Hat man nichts davon.

Bleibt nur die Vogelfutterstation. Direkt vor dem Küchenfenster. Da ist was los. Der Kleiber ist der Chef, dann folgt die Kohlmeise, die wiederum die Blaumeise verjagt, und ganz unten in der Rangordnung steht die Weidenmeise. Alle anderen Vögel – Finken, Grünfinken, Goldammern – sind Bodenscharrer, die fliegen nie auf die Vogelfutterstation. Nur das Rotkehlchen begibt sich in beide Zonen, vielleicht ist es am gewieftesten. Der Zaunkönig ist der souveränste: Er streift in rasantem Tempo umher und sorgt für sich selbst.

Am nächsten Tag ist es so weit: Nachts hat es geschneit. Der Garten ist verschwunden. Ich ziehe meine Wanderschuhe an. Ich gehe spazieren, ohne Hund, allein. Gehen, um des Gehens willen, bis dahin hat es anderthalb Jahre gedauert. Ich schlage einen Weg nach Süden ein, Richtung Seffern. Binnen kürzester Zeit habe ich nasse Füße, die Wanderschuhe haben ihre beste Zeit hinter sich. Mucksmäuschenstill ist es, ab und zu rutscht etwas Schnee von den Fichtenzweigen, ein dumpfes Klatschen gibt das. Geschieht es hinter mir, drehe ich mich um, obwohl ich das Geräusch kenne. Bestimmt werde ich noch ein paar Arbeiten im Garten erledigen, wann auch immer. Ich muss die *Darmera peltata* zurückschneiden und die Anemonen und die Sedum. Kleinkram. Geplänkel, kaum wert, meine Arbeitshose anzuziehen. Ach ja, der eine Karton voller Tulpenzwiebeln muss auch noch verteilt werden. Hoffentlich friert es nicht für längere Zeit, denn dann wäre ich zu spät dran.

Die Nims hat Hochwasser, unter den Bäumen, die am Fluss stehen, ist der Schnee geschmolzen, weil dicke Tropfen von den Ästen fallen. Bei der Blockhütte neben dem Fischteich bleibe ich kurz stehen. Hier haben Gartenkumpel Han und ich einmal einen Eisvogel gesehen. Nun sehe ich nichts. Die Rohrkolben am Teichrand regen sich nicht. Dann klettere ich den steilen Hang hoch. Zum Wald hinauf.

Ich fühle mich wie Koos van Zomeren, von dem ich weiß, dass er während seiner Spaziergänge mit dem Hund – egal welchem Hund, nach Stanley kam wieder ein neuer, Ernie heißt er – immerzu am Formulieren ist, auch wenn er unterwegs genau auf Raubwürger und Blindschleichen achtet. Ich versuche in Gedanken, etwas über den Grönlandhai zu formulieren. In der Zeitung habe ich gelesen, wie alt diese Tiere werden können. Die Fakten lassen sich aufschreiben, aber es braucht etwas mehr, eine gute Idee oder einen Haken, den man auswirft, um einen Fakt mit etwas anderem zu verbinden, das man aufschreiben möchte. Dinge wollen doch abgerundet sein, das eine muss mit dem anderen etwas zu tun haben, oder aber es muss eine extra Schicht unterlegt werden, die dem, was ich – oder Koos, oder Schriftsteller im Allgemeinen – schreibe, einen bestimmten Mehrwert gibt. Sonst kann man genauso gut kein Schriftsteller sein. Sonst trägt das Schreiben und Publizieren beispielsweise dieses Buches wenig bei.

Rechts und noch mal rechts. Ich gehe beinahe im Finstern, so dicht stehen die Fichten hier. Kein Vogelgezwitscher, kein einziges Reh. Das iPhone vibriert in meiner Brusttasche, aber ich lasse es stecken. Schon wieder habe ich meinen Tabak zu Hause gelassen. Wie ich schon geschrieben habe: Was ist das bloß für ein überflüssiger Quatsch, auf Hundespaziergängen rauchen zu müssen! Und jetzt ist nicht einmal ein Hund dabei. Ich werde Pancho bald einmal besuchen. Seine Frauchen haben mir erzählt, dass der arme Hund erst einmal drei Tage völlig von der Rolle war. Jetzt sind es Buchen, keine Fichten mehr. Sofort ändert sich die Lage, der Schnee liegt hier höher. Ich gehe um den großen Tümpel mit den Schildern »PRIVAT! ZUTRITT VERBOTEN!« herum. Nicht weil ich so obrigkeitstreu bin, sondern weil da unten jetzt kaum ein Durchkommen sein wird. Der Dachsbau, rechts. Nie einen Dachs gesehen. Aber was will ich auch, ich war hier nie in der Dämmerung oder nachts, und eigentlich immer zusammen mit einem Hund. Und dann komme ich an die Stelle, wo die Runde sich in den Schwanz beißt, und gehe denselben Weg die andere Seite hinab. Nach Hause.

Ich sitze im Schreibzimmer. Schaue auf die riesigen Buchen an der Straße. Kein einziges Blatt mehr an den Bäumen, im Winter ist die Welt viel größer. Die steile Weide ist weiß. Schnee. Stille. Winter. Zeit, diesen Text zu beenden. Zeit für Fiktion.

Nachbemerkung

Einige Passagen dieses Buchs wurden bereits in *De Groene Amsterdammer*, *Trouw* oder *Onze eigen tuin* veröffentlicht und für diese Ausgabe überarbeitet. Ab und zu habe ich auf Texte meines Blogs zurückgegriffen. In Kapiteln, in denen eine Meinung ausgedrückt wird, habe ich darauf verzichtet, die Quellen zu nennen, weil dies keine wissenschaftliche Abhandlung ist und ich persönlich es nicht mag, Bücher mit Fußnoten zu lesen. Der Leser muss mir also vertrauen. Meine Informationen habe ich Zeitungen und dem Internet entnommen. Jeder, der Lust dazu hat oder das Bedürfnis danach verspürt, kann sie leicht finden.

Zitatnachweise

S. 7   *Derek Jarmans Garten*. Mit Fotografien von Howard Sooley. Aus
        dem Englischen von Jörg von Stein. Verlag Volk und Welt, Berlin
        1996, S. 57
S. 8   *Derek Jarmans Garten*, S. 7
S. 8-9 *Derek Jarmans Garten*, S. 41
S. 117 *Das Tagebuch der Anne Frank*. 12. Juni 1942–1. August 1944. Mit ei-
        nem Vorwort von Albrecht Goes. Aus dem Niederländischen von
        Anneliese Schütz. Fischer-Taschenbuch-Verlag, 51. Auflage, Frank-
        furt a. M. 1980, S. 177

Die Zitate aus Peter Wohllebens *Das geheime Leben der Bäume* stammen
aus folgender Ausgabe:

> Peter Wohlleben: *Das geheime Leben der Bäume. Was sie fühlen, wie
> sie kommunizieren – die Entdeckung einer verborgenen Welt*. Ludwig
> Buchverlag, München 2015

Inhalt